一次學會糖霜×翻糖點心

12個有趣主題、近60款令人驚喜的
糖霜與翻糖餅乾,超簡單、零失敗,
最適合親子一起玩的手作食譜書!

料理烘焙實驗家
海頓媽媽 著

作者序

療癒人心的糖霜翻糖世界！

　　畫糖霜、捏翻糖，或在餅乾上做出各式各樣造型，對我來說已經不只是「做餅乾」，而是一種藝術的呈現，製作的過程對我來說也是舒壓的一種方式。在忙碌的生活中，總愛抽個時間做些翻糖或糖霜餅乾，感覺好療癒，製作的過程中想像著收到的朋友或親人滿臉驚喜開心的表情，對我而言更是一種幸福。

　　餅乾裝飾是一個非常令人著迷的世界，有著無限可能。希望能藉由此書讓大家了解糖霜翻糖有趣好玩的地方，同時除了基礎的糖霜、翻糖外，還有不同材質裝飾的技巧，例如最近興起流行的威化紙、迷人的糖蕾絲和愛素糖的結合應用。希望能盡己所能將所知道的一些小技巧、小撇步及失敗的經驗，一同收錄在這本書中分享給大家，讓大家能更快的徜徉在糖霜翻糖的療癒世界。

　　這本書還收錄的立體餅乾作品，是我個人非常喜愛的，這樣的做法，總感覺彷彿讓餅乾「活起來」了，而不再只是平面一片餅乾。有些作品，甚至還拍攝了影片，希望能輔助大家了解製作過程和技巧。

　　在此還要非常感謝朱雀文化的每位同仁，這本書從企劃到完成算算也歷時了 10 個月，就像生小孩一樣，過程非常辛苦。它或許不是最完美的書，但我們絕對用心，也只想把書做得更好呈現給大家。

　　希望大家能一起享受美好，療癒人心的糖霜翻糖世界！

海頓媽媽

編者序

大手牽小手　和海頓媽媽一起玩糖霜與翻糖

很高興朱雀文化有機會和海頓媽媽合作第二本書。

當初在臉書上，就是被海頓媽媽可愛得不得了的糖霜作品所吸引，不論是糖霜或翻糖，她的作品總有一種樸實的風格，不像時下一般的糖霜餅乾總精緻得難以接近；或是難度爆表翻糖蛋糕，只可遠觀不可褻玩焉。

因此，朱雀文化特別邀請海頓媽媽製作了這一本《一次學會糖霜 × 翻糖點心》，希望藉由她的巧手，讓讀者認識既迷人又療癒的糖霜 / 翻糖的世界。

海頓媽媽特別為本書製作了 12 個主題，每個主題設計有 3 ～ 6 款的作品，除了平常可見的糖霜及翻糖設計外，還有結合糖霜與翻糖於一體的點心，甚至連最近流行的威化紙、糖蕾絲、愛素糖等，也運用在這近 60 個讓人愛不釋手的作品中，相信對相一窺糖霜翻糖世界的讀者來說，是一本絕佳的入門書。

為了服務讀者，海頓媽媽特別在每款作品標上難易度，同時我們也製作了「本書作品難易度一覽表」（見 P.157），讀者可以按圖索驥，從最簡單的著手，相信不用到 1 個月的時間，你也能成為糖霜 / 翻糖高手。

現在就動手吧！讓我們一起進入糖霜與翻糖的迷人世界！

編輯部

書中「示範影片」這樣看！

1 手機要下載掃「QR Code」(條碼) 的軟體。

2 打開軟體，對準書中的條碼掃描。

3 就可以在手機上看到老師的示範影片了。

Android 版　　iphone 版

目錄 Contents

Part1 　糖霜翻糖 Q&A

Part2　歡迎進入糖霜 & 翻糖餅乾的世界

Part3 附錄篇　　編按：目錄中標示 ▶ 者，表示有示範影片。

糖霜 翻糖 Q&A

什麼是糖霜？什麼是翻糖？
又是怎麼做出來的？
需要用到什麼工具與材料？
怎樣才能打出完美的糖霜？
糖霜與翻糖的調色怎麼做？
這一切的疑問，
讓海頓媽媽一一告訴你！

Q1 什麼是糖霜？

A 糖霜又稱為「蛋白糖霜（Royal Icing）」，是歐美蛋糕和西點中常見的裝飾材料。主要是由糖粉、水、蛋白（蛋白粉）打發而成，很適合拿來做造型擠花或蛋糕、餅乾上的裝飾。不同的糖霜流動狀態（硬、軟、稀），則呈現出不同的效果，例如：硬糖霜可以擠花、軟糖霜可以拉線，稀糖霜可鋪餅乾底等。

使用硬糖霜

Q2 什麼是翻糖？

A 翻糖（Fondant）也是歐美蛋糕和西點中常用的裝飾材料，簡單來說，翻糖是糖霜再加上一些增稠劑，形成糖團。就像是中國傳統捏麵人的麵團一樣，但差別在於翻糖是用糖粉做的，擁有極高的延展性，可製作成糖偶或比較立體的造型，裝飾在蛋糕或餅乾上，非常吸睛。

　　至於我個人，則喜歡交叉使用糖霜和翻糖，讓裝飾餅乾更有變化。

利用翻糖做的超薄花瓣玫瑰，做出立體感，超擬真！

Q3 製作翻糖或糖霜，需要哪些工具與材料？

A 製作糖霜 / 翻糖需要的工具與材料不算少，但是有些有替代品，有些則是必需品。讀者可視家中現有的再添購。「工欲善其事，必先利其器」，我個人認為有些工具在手，製作起糖霜 / 翻糖就更得心應手。至於材料，有些糖霜材料真的「少了它不行」，那就真心建議購買。

01 翻糖工具組

利用各種翻糖工具，來切割、捏塑、滾邊等各種翻糖所需造型。一組 8 隻雙頭可用，含圓頭、骨形頭、貝殼頭、鏟形頭、傘形頭、星形頭、齒狀頭、斜角頭、彎曲尖頭以及尖圓頭等；適合翻糖、餅乾雕塑使用。

02 拋棄式糖霜三明治袋擠花袋

我喜歡用拋棄式的三明治袋來當作擠花袋，非常經濟實惠。

03 噴水瓶

這是我用來調整糖霜濃度的祕密武器！因為噴水瓶口可以極少量噴出水，想讓糖霜變稀時，非常容易控制水量，不會一下子因為加入太多水造成糖霜太稀。

04 攪拌刮刀

用來攪拌糖霜的軟硬程度、調色及刮抹糖霜用。

PME 0 號，
1 號，1.5 號

惠爾通 104

惠爾通 2D

05 各式擠花嘴

配合不同糖霜線條粗細，或是擠花糖霜造型使用。

06 花釘

糖霜擠花時，需要擠在花釘上。

07 畫筆 / 刷具

在糖霜及翻糖上色時使用。請務必保持畫筆刷具的乾淨，食物用的畫筆 / 刷具也請和畫畫用的分開。

08 食用色膏 / 色粉

調製糖霜及翻糖顏色時所需，也可以用天然食物色粉，如可可、抹茶、紅麴等調製顏色。

09 糖珠

裝飾用的可食糖珠，很有畫龍點睛的效果。

10 泰勒粉

可以讓翻糖更快速乾硬塑型，也是做糖蕾絲的主要原料之一。

11 食用色素筆

就像水彩畫筆一樣，可以直接畫在翻糖或糖霜上。畫筆有分粗細，購買時可看需求選擇。

12 翻糖模

各式翻糖模讓翻糖整型更方便，只要用模具一壓，就可輕鬆做出多種造型。

13 餅乾模

是製作糖霜 / 翻糖餅乾的好幫手。

14 擀麵棍

用來將翻糖擀平，與餅乾做結合。

15 糖霜針筆

用來調整糖霜餅乾在鋪底後，整理邊界，或戳破糖霜的氣泡。

16 銅條

自製餅乾模時，可以使用銅條，選用厚度約 0.4mm 的最好操作。

17 打洞鉗 & 鉚釘

用銅條自製餅乾模收尾時可用。

18 翻糖海綿墊
製作糖花，或使用威化紙製作威化紙花時使用，並利用翻糖工具，將翻糖滾壓出弧度。

19 調色盤
色膏及色粉調色時使用。

20 花樣打洞機
可用來做威化紙造型。

21 粉篩模
利用粉篩模在糖霜餅乾上做出特殊造型。

22 印章
為糖霜餅乾做造型。

23 食用酒
選用濃度高，透明的酒，如 Vodka 等，用來混合色膏色粉等最好用，因為酒精揮發速度比水快，比較適合拿來在糖霜或翻糖上繪畫。

24 蛋白霜粉
本書的糖霜食譜用的是蛋白霜粉，避免生蛋白沙門式菌的風險。（注意蛋白霜粉和純蛋白粉不同）

25 愛素糖
塑糖的原料，加溫到 160℃ 仍能保持透明不變黃。

26 糖粉
糖粉選擇越細越好，打成糖霜才會細緻不塞花嘴孔。

27 翻糖
翻糖的可塑性很高，適合餅乾蛋糕裝飾。

28 棉花糖
可以用來製作翻糖的原料之一。

A 因為糖霜 / 翻糖有甜度，因此強烈建議餅乾體本身就不能太甜。海頓媽媽特別為了本書的糖霜 / 翻糖作品，設計了兩款餅乾體，其中黑炭可可的口味，更是海頓媽媽的心頭好，除了味道棒，黑底餅乾的顏色在做比較復古華麗風格的餅乾時，更能襯托出糖霜或翻糖裝飾。

　　除了兩款餅乾配方外，海頓媽媽也提供了一個小祕訣，就是把餅乾厚度再加厚一些些，藉以中和掉糖霜 / 翻糖的甜度。

01　原味餅乾

材料

奶油 200 克

糖粉 80 克

鹽 1/4 茶匙

全蛋液 一個

低筋麵粉 440 克

02　黑炭可可餅乾

材料

奶油 200 克

糖粉 80 克

鹽 1/4 茶匙

全蛋液 一個

低筋麵粉 400 克

黑炭可可粉 40 克

（如果黑炭可可粉不好取得，也可以可可粉替換）

◆ 做法：

1 將奶油自冰箱中取出，放在室溫軟化。加入糖粉。

Tips
室溫奶油用手指輕按有軟化痕跡即可。可將奶油切小塊，更快回復至室溫。

2 以打蛋器攪拌至呈乳白狀。

Tips
糖粉比細砂糖更容易溶解在奶油裡，也更能快速攪拌均勻。

3 全蛋均勻打散後，分多次慢慢加入，繼續攪拌均勻至呈現乳白霜狀。

4 加入已過篩的麵粉及鹽，換成攪拌刮刀以切拌方式，讓麵粉與奶油霜均勻混合成餅乾麵團。餅乾麵團一定要混合到均勻無粉粒，但切忌勿過度攪拌出筋，或出油。

Tips
麵團出筋時，餅乾烤出來會縮，也會不平整，影響口感；餅乾麵團如果出油，容易滲透到糖霜裡，使得糖霜產生塊狀斑點或色差。

5 餅乾麵糰取出，放置在烤盤紙上，上面再鋪上一張烤盤紙，以擀麵棍將麵團擀平。

6 將擀平的餅乾麵團放置烤盤上，放入冰箱冷凍 15 分鐘。

7 取出冷凍過的餅乾麵團，使用模型將麵團壓出。

烤箱預熱至170℃,將生餅乾放進烤箱烤 15 ～ 20 分鐘,取出後放涼即可。

每台烤箱溫度不同,請依烤箱溫度及餅乾厚度大小調整烤溫及時間。

海頓媽媽好神 ♥

餅乾模自己做!

雖然市售的餅乾模多如繁星,當買不到或找不到自己喜歡的餅乾模時,也可以自己做!這樣在創作餅乾時,更有獨特性,也比較不會「撞模」。自己做還能節省開支呢!

材料　銅條、剪刀、膠帶、線、鉗子、底稿、鉚釘

做法

1 印出自己喜歡的底稿,用線繞底稿輪廓一圈。

2 以線量出所需要銅條的長度,記得多保留一小段在結尾處,接著剪下銅條。

3 銅條繞著底稿,在需要彎曲的地方用筆做記號。

4 用鉗子折出角度,或遇到彎曲的地方彎折出弧度。

5 全部折好,用手確認與圖形輪廓相符合及餅乾模夠平整。

6 結尾重複的地方以膠帶黏合固定好,自製餅乾模就完成囉!

需保留重複的一小段才可用膠帶固定。

如果有專用的打洞機和鉚釘,可以加強收尾處固定。

Q5 怎麼打出完美糖霜？

A 完美的糖霜配方非常重要，糖霜打得好，才會有漂亮的成品。

　　海頓媽媽實驗多次，終於設計出完美的糖霜配方。有了這個糖霜配方，再加上正確的做法，你也可以打出完美的糖霜，完成書中的每一款糖霜餅乾！

影片這裡看！

海頓媽媽獨家完美糖霜配方

材料 糖粉 300 克　義大利蛋白霜粉 30 克　水 40 克

◆ 做法：

1 將 30 克的義大利蛋白霜粉和 300 克的糖粉，一起倒入篩網中。

2 將義大利蛋白霜粉和糖粉過篩。

3 倒入 40 克的水。

4 取自動打蛋器或攪拌機，先以低速均勻混合後，再調整為中速，約打 5 ～ 6 分鐘。確定糖霜從原本的透明乳白色轉成白色並具有光澤感，硬糖霜才算完成。

Tips

若採高速攪打，可能會打入太多空氣。

打糖霜要注意

海頓媽媽好神

生蛋白也可以做糖霜。但我習慣用義大利蛋白霜粉，因為生蛋白可能含有沙門桿菌的危險。

另外要注意的是，義大利蛋白霜粉和純蛋白粉是不同濃度的蛋白含量，通常用純蛋白粉的用量，是義大利蛋白霜粉的一半。

糖粉一定要過篩。糖粉品質也是打出糖霜好壞的關鍵。只要夠細、不結塊這兩項條件都符合的話，做出來的糖霜就會更細緻完美。

Q6 糖霜如何調整軟硬度？

A 海頓媽媽的祕訣是用噴水瓶！

　　先做好硬糖霜後，再利用噴水瓶來調整軟硬度。噴水瓶的好處是可以極少量的水，一次一次慢慢加入糖霜中，比較不會有失手加太多，導致糖霜太稀的問題。

Q7 硬／軟／稀糖霜的分辨？

A 學會判別不同濃度的糖霜很重要，因為濃度不同就可以製造不同效果的作品。

硬糖霜

影片這裡看！

利用 Q5「海頓媽媽獨家完美糖霜配方」打出來的糖霜，就是硬糖霜。打得完美的硬糖霜挖起來時，有明顯的尖角。

軟糖霜

影片這裡看！

利用打出來的硬糖霜，逐漸加入少許的水，讓糖霜變軟。

做法

1 先挖些許硬糖霜在小玻璃碗裡。

2 噴水瓶裝煮過放涼的白開水，保持一點距離（用最細的孔）朝硬糖霜噴水。

3 再用攪拌刮刀攪拌均勻。

Tips

水量少比較好掌控糖霜濃度，萬一太稀還可以加硬糖霜調整。

軟糖霜檢查

1 兩根手指頭法：糖霜能從一根手指頭不間斷，連到第二根手指頭。

2 畫線法。不論線條怎麼畫，中間都不會斷。

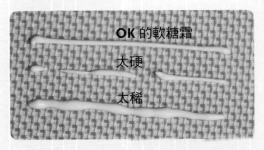

OK 的軟糖霜

太硬

太稀

如果畫線的過程中斷了線，表示糖霜太硬。

如果畫線不能成型，會攤開，表示糖霜太稀。

圖左糖霜調得過稀，線條會慢慢散開不明顯。

圖右軟糖霜濃度正常，線條就清楚明顯。

稀糖霜

可對硬糖霜噴灑一些水，或軟糖霜噴灑水，再攪拌均勻製成。

影片這裡看！

稀糖霜檢查

攪拌刀從糖霜中間劃開。

約15秒之後，劃開的空隙消失（糖霜又融合為一體），就是完美的稀糖霜。

稀糖霜分為兩半

稀糖霜又合在一起

Q8 硬 / 軟 / 稀糖霜的應用

A 硬糖霜

打得完美的硬糖霜拿來擠花最漂亮。海頓媽媽教大家擠出美麗的五瓣花。

1 在花釘上擠出少許硬糖霜，黏上烘焙紙。

4 在第一瓣旁邊，再以同樣方式擠出第二瓣。完成共五瓣。

2 將硬糖霜裝入有惠爾通104花嘴的擠花袋裡，剪一平口確認花嘴完全露出，窄口朝上，寬口朝下。以小圓弧方式擠出往上拉。

5 再用黃色軟糖霜擠出兩個圓點當作花蕊。

Tips

寬口記得等一下都要回到固定花的中心點。

3 到頂點後再往下擠並漸漸放鬆。

6 小心從花釘移下烘焙紙，烘乾或自然乾燥。

軟糖霜

　　軟糖霜比硬糖霜軟，但還不到流動的程度，用來畫線最適合。畫線是做糖霜餅乾的基礎。畫線必須注意手勢，需要用一隻手輔助另一隻手，有支撐力，畫出來的線條才會穩。同時線條要多多練習，就會畫得越來越好越順手。

　　另外，拉線時不是貼著表面，而是要往上拉，到定點再落下。

　　本書 P.162 附有畫線與畫蕾絲的練習板。讀者可以在上面鋪一張烘焙紙或烤盤布，多做練習，便可以讓自己畫線的功力大增，同時也訓練手的穩定度，和線條的順暢度。

畫糖霜時的手勢

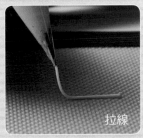
拉線

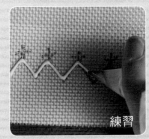
練習

稀糖霜

　　稀糖霜通常用來鋪餅乾底。這也是做糖霜餅乾的基礎。海頓媽媽教大家怎麼用稀糖霜在餅乾上鋪底。

做法

1 在餅乾上先畫出邊線。

4 小心仔細消除氣泡。

2 將稀糖霜鋪滿邊線裡面。

> **Tips**
>
> 記得排除氣泡是重要的一個步驟，可避免糖霜餅乾在乾燥後出現糖霜有部分凹陷。

3 用牙籤或針筆以畫小圈方式，調整修飾。

5 最後把餅乾拿起來左右稍微搖晃一下確認平整度。

超稀糖霜

有些糖霜作品，需要用到比稀糖霜更稀的糖霜，例如蕾絲糖霜。這時就可以取稀糖霜，再噴灑水攪拌均勻來稀釋它，用筆沾取使用。然後就可以用在畫好邊框的線條內，做出蕾絲般半透明的效果。

Q9 打好的糖霜如何保存？

影片這裡看！

A 硬糖霜可以用保鮮膜包好再放到密封盒裡面，室溫陰涼處可保存約一個禮拜，冷凍保存則可到 3、4 個禮拜。但絕不可放冷藏，因為冷藏會讓糖霜反潮出水。

需要使用時，可自冷凍庫取出，加水調成軟糖霜或稀糖霜使用，也可以再加色膏或色粉調色使用。

冰過之後的糖霜若有些許糖水分離，使用前再攪拌均勻即可。但調色後的糖霜不適合久放，請保存未調色的硬糖霜。

Q10 如何將糖霜放入擠花袋中？

影片這裡看！

A 糖霜需要裝入擠花袋中使用。擠花袋可以使用拋棄式的三明治袋，或是奶油擠花袋，也可以用烘焙紙製作成擠花袋使用。

將糖霜放入擠花袋並不複雜，看看海頓媽媽怎麼做！

◇ 糖霜放入擠花袋 Step by Step

1

將花嘴裝入三明治袋，放入長杯中。

2

裝入糖霜。

3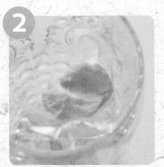

將裝入糖霜的三明治袋取出，用尺或刮板將糖霜擠壓到花嘴口，並剪一平口在花嘴約 1/3 處。

4

確認花嘴完全露出。

Tips

一開始練習糖霜，可以用孔洞比較大的花嘴（如 pme 花嘴 2 號、3 號）。

5

以刮刀將糖霜推向前，可以減少空氣。

6

袋口可用夾子或直接打個結，才有支撐點。

Tips

裝好糖霜之後的擠花袋，在使用的過程中，若糖霜暫時沒有要使用時，記得用一條濕毛巾蓋住糖霜，，或者在杯子底部放濕廚房紙巾，如此一來，放置了在擠花袋裡的糖霜，就比較不會乾硬而堵塞住花嘴。若真的堵塞，可以用針筆戳一下花嘴即可。

使用花嘴轉換器，更方便！

如果因為需要不停轉換糖霜顏色，這時使用花嘴轉換器更為方便。

做法

1  先將轉換器裝入擠花袋裡。

2  擠花袋剪平口，使轉換器接口方便露出。

3  套上花嘴。

4  轉換器接口旋轉扭緊。

Tips

若是有不同顏色的糖霜想用同一個花嘴，可用替換擠花袋的方式處理。也就是將糖霜放入擠花袋中（記得袋口要剪開，顏色才擠得出來），再套入擠花袋裡。

烘焙紙擠花袋這樣做！

如果只是想先玩玩看，可以先用烘焙紙做幾個擠花袋試試。

做法

1 將烘焙紙裁切出一個三角形。

2 三角形的一角繞到三角形直角頂端。

3 三角形另一角也往上繞到三角形直角頂端。

4 重疊處摺疊固定即可。

Q11 如何烘烤糖霜？

A 畫完一層糖霜就將其烘乾是必要的，除了可以讓乾後的糖霜表面光亮平滑，若是多層糖霜，可以加速畫下一層糖霜的時間。另外糖霜水份烘乾，亦可保持餅乾脆度。請記得，畫糖霜或鋪翻糖都要等待餅乾烘乾後完全冷卻才可以進行下一步。

至於烘烤糖霜的烤箱溫度如下：
旋風烤箱：我個人使用旋風烤箱，只開旋風就會有微微的熱風，因此通常只開旋風不開溫度。以這樣的功能，將糖霜餅乾烘乾約需要兩小時，再移到室溫確認完全冷卻後即可。

假使家中烤箱沒有旋風功能，建議以 40℃度的烤溫烤 2 小時，再移到室溫完全冷卻（烤箱溫度不能太高，溫度過高會讓糖霜融化或導致餅乾爆開的狀況）。另外也可以使用食物乾燥機，約以 30℃烤 3 小時，再移到室溫完全冷卻。

Tips

將餅乾送入烤箱可以刮刀板輔助，以推送的方式放置烤盤，就能避免碰到未乾的糖霜了！

要注意的是，烘烤時間僅供參考，仍需依天氣溫度濕度決定。如果沒有很潮濕，也可以只開電風扇吹。完成的糖霜餅乾收入密封盒，以室溫保存即可，冷藏或冷凍反而會讓糖霜餅乾反潮。

Q12 翻糖怎麼做？

A 現在大部分的烘焙店都售有翻糖，實在不太需要自己費工夫製作，搞得黏踢踢，海頓媽媽也經常使用市售翻糖。但如果想嘗試一切都自己來，想知道翻糖怎麼做，海頓媽媽也提供了簡易翻糖的製作方法。

材料 白棉花糖 50 克　糖粉 100 克　沙拉油適量

◆ 做法：

1 將容器先塗抹少許油。

Tips

炒菜一般用油即可，不要用橄欖油等味道較重的油。

2 耐熱攪拌匙也抹上少許油防沾。

3 糖粉過篩備用。

4 將棉花糖隔水加熱，使其全部融化。

5 加入過篩的糖粉，開始攪拌。

6 大致均勻後，移到烘焙墊上繼續用手揉捏。

7 可以像搓洗的方式揉捏，直到均勻融合為止。

9 將翻糖放入密封盒中，放置24小時後即可使用。

8 將融合好的翻糖用保鮮膜包起來。

Q13 如何將翻糖披覆在餅乾上？

A 翻糖的外觀與觸感就像有伸展性的麵團，但比麵團稍硬。用來裝飾蛋糕或餅乾時，先用擀麵棍擀成片狀，然後覆蓋在蛋糕或餅乾上。

完成翻糖餅乾要收入密封盒中，以室溫保存即可。同時要注意，翻糖不須烘乾，烘乾反而容易變形澎起（如圖右上）。

做法

1 將球狀翻糖以擀麵棍擀平。

3 餅乾上抹上少許果醬或極少量的水。

2 以餅乾模切出所需的翻糖大小。

4 用手掌輕輕來回磨平。

Q14　如何使用翻糖模？

A　想要做出有立體感的翻糖，卻因為手殘做不出來。現在市面上有不少翻糖模，想要做出特殊的造型，不妨使用。

做法

翻糖模先撒糖粉防沾。

取適量翻糖塞入翻糖模。

將多餘糖粉倒出。

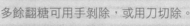
Tips

多餘翻糖可用手剝除，或用刀切除。

以翻糖模離開翻糖的方式，輕輕取出翻糖。

Tips

如果硬是從模具裡將翻糖拿起，會讓翻糖變形。

Q15　糖霜與翻糖如何調色？

A　調色在糖霜或翻糖作品中佔著很重要的一環，希望藉由海頓媽媽的經驗跟心得，幫大家做出獨特的個人作品風格。

個人經驗中，單一色膏或色粉調出來的顏色大多顏色比較飽和，適合做類似卡通主題或者是比較粉嫩的 baby 主題；但如果要典雅或者是復古風格，就常常需要混色的色調。

糖霜調色示範

糖霜調色時，要確實將糖霜與色膏攪拌均勻，同時建議靜置幾分鐘，待色素沉澱後再使用。因為糖霜調勻與否，在當下是看不出來的，等畫到最後才發現就來不及了。

另外若是希望調出比較深的顏色，糖霜通常可能要靜置一兩個小時以上，會比當下調好的色度還會更深。

做法

1 取一小玻璃碗，放入糖霜，色膏以牙籤沾取，加入糖霜中。

Tips

記得色膏一次只要少量即可，不夠再沾取，慢慢增加到想要的顏色。

2 以攪拌刮刀攪拌。

3 攪拌均勻後，可以視顏色需求，再斟酌加上色素或以白色糖霜稀釋顏色。

4 再放入擠花袋中備用。

Tips

調過色的糖霜不能久放，容易糖水分離。因此建議在畫糖霜前，再將糖霜調色即可。

海頓媽媽好神 ♥

影片這裡看！

同色系如何調出不同色感？

以綠色來說，加上一點咖啡和黑色色粉，色感就完全不一樣！

加入少許的咖啡色就能做出復古的感覺（如圖中）；加少許竹炭粉就能做出比較沉穩的感覺（如圖右）。

翻糖調色示範

做法

1 取白色翻糖，牙籤沾取少量色膏，沾在翻糖裡。

4 也可以取兩團不同顏色的翻糖來混色。

2 將翻糖對折，揉捏均勻。

5 揉捏後，混成新的顏色。

3 重複拉長對折，直到顏色均勻為止。

6 完成新的顏色。

Tips

翻糖和糖霜不同，可以先調好顏色保存起來。注意要用保鮮膜包好密封，置於室溫保存即可。

Q16 怎麼調出美麗的顏色？

A 想要調出美麗的顏色，讓海頓媽媽告訴你，按著色表的顏色比例，你就能調出各種色彩了。

♥ + ♥ = ♥ ｜ ♥ + ♥ = ♥ ｜ ♥ + ♥ = ♥

♥♥ + ♥ = ♥ ｜ ♥♥ + ♥ = ♥ ｜ ♥♥ + ♥ = ♥

♥ + ♥♥ = ♥ ｜ ♥ + ♥♥ = ♥ ｜ ♥ + ♥♥ = ♥

♥ + ♥ + ♥ = ♥

Q17 如何在糖霜 / 翻糖餅乾上畫上色彩？

A 糖霜和翻糖都可以上色，藉以增加作品的色彩。我經常使用下面分享的技巧，不用調很多種顏色，同時顏色調整自由度也很高，可以畫出精細的作品。

糖霜上色

1 色筆沾取一點酒精。

3 畫在糖霜上頭前，請先在廚房紙巾上測試，避免有多餘的水分。

4 輕輕畫在糖霜上。

Tips

採用酒精濃度高、透明的酒，如伏特加酒，藉以稀釋色膏 / 色粉。酒精濃度越高揮發越快，才不會造成糖霜或翻糖塌陷。因為水分過多，會讓糖霜或翻糖融化。

2 把色膏 / 色粉調開。

5 以煮過的開水清洗畫筆即可。

Tips

畫糖霜的畫筆是專門用來畫食物的，不要和平常畫畫及非食用色素顏料交叉使用，注意食品安全與衛生。

翻糖上色

1 畫筆沾取酒精，與色膏調和。

3 畫上不同顏色。

2 畫在已乾燥的翻糖表面。

Tips

畫上不同顏色前，每次都要清洗筆刷。

4 畫出彩虹小熊。

歡迎進入 ◇ 繽紛的
糖霜與翻糖世界

有趣的糖霜與翻糖、
療癒的糖霜與翻糖，
歡迎你的加入，
一同進入這迷人的手作世界！
一起來玩！

Wardrobe

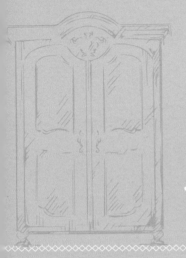

永遠少一件衣

典雅的衣櫃
Wardrobe

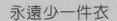

今天天氣變熱了，似乎該來整理衣櫃換季了？！
超可愛的小衣櫃，很像小時候玩的紙娃娃換裝。
最吸睛的，莫過於用翻糖結合愛素糖做出剔透的古典鏡，
而且衣櫃裡除了掛鉤是牙籤和衣架是迴紋針做的不能吃以外，
其他通通都是可以吃的呦！！

用餅乾做成的立體作品，
讓每個人都可以擁有獨一無二的衣櫃餅乾！

| 學習技巧 | ✔ 愛素糖應用
✔ 翻糖捏塑
✔ 立體作品 |

| 翻糖顏色 | 白色
藍綠色
咖啡色 |

衣櫃餅乾組

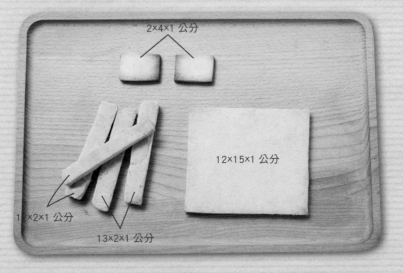

2×4×1 公分

12×15×1 公分

12×2×1 公分

13×2×1 公分

影片這裡看！

古典魔鏡
難度 Level ♥♥♥♡♡

3 取適量的白色翻糖，填塞入翻糖模。

1 取鏡框翻糖模，先撒些許糖粉防沾。

4 多餘翻糖可用手剝除，或用刀切除。

2 翻糖模傾斜反倒出多餘糖粉。

5 以翻開翻糖模方式，輕輕將翻糖取出。

Tips

如果是拿起翻糖，很容易讓翻糖變形。

6 將取下的鏡框翻糖自然乾燥一晚。

7 取愛素糖約 2 大匙，倒入鍋中。

8 以小火加熱到 160℃。

Tips

建議用溫度計測量，才知道煮糖的溫度，比較不會失敗。

9 溫度到達即可關火，並讓愛素糖在鍋子裡稍微靜置幾分鐘，直到大氣泡消失。

10 鏡框翻糖置於烤盤布上，小心的將愛素糖溶液倒入鏡框翻糖中。

Tips

操作時請務必小心避免燙傷，此時愛素糖很燙。

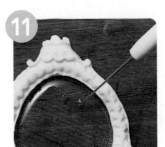

11 此時若是愛素糖液有氣泡，可以針筆戳破。

12 將鏡框翻糖靜置於烤盤布上待涼，即可從烤盤布上取下。

13 畫筆沾取酒精，
混合銅色色粉，
調成均勻銅色顏
料備用。

14 將顏色上在鏡框
底部。

迷你衣櫃
難度 Level ♥♡♡♡♡

15 再將銅色顏料畫
在鏡子上緣處。

1 取左右長條
（12×2×1公
分）及上下長
條（13×2×1公
分），在高度1
公分處塗上稀糖
霜。

完成

古典鏡子完成。

2 逐步黏在
12×15×1公分大
片方形餅乾的四
個邊上。

③ 將牙籤剪出約 1 公分的小段，取咖啡色翻糖，揉成球狀，將牙籤戳進翻糖裡，做出丁字狀。

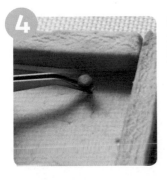

④ 戳進完成的餅乾衣櫃牆上，當成掛鉤。

Tips

小心施力，以免餅乾破掉。

⑤ 取一迴紋針，依 P.35「海頓媽媽，好神」之「迴紋針衣架這樣做！」，做出衣架。

海頓媽媽好神 ♥ **迴紋針衣架這樣做！**

迴紋針大小剛好，拿來做成衣架再適合不過。如果講究一點，還可以用有顏色的迴紋針來製作。

1 取小的橢圓形迴紋針。

2 將迴紋針折成三角形。

3 將其中的半橢圓形以尖角鉗直立起來。

4 剪掉一半，當作掛勾。

俏麗洋裝
難度 Level ♥♥♥♡♡

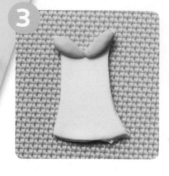

3 取藍綠色翻糖，先揉出圓形，再搓成橢圓形，再稍微壓扁，兩邊領口都黏上藍綠色翻糖做成領子。

4 取一小塊藍綠色翻糖，搓成長條狀，以刀子切出腰帶長度。

1 剪下本書附的洋裝紙模，放在桿平的白色翻糖上，以刀子照著輪廓切下白色翻糖洋裝。

5 在洋裝下襬處，以圓錐形翻糖工具來回滾動，可做出波浪感的裙襬效果。

2 用正方形餅乾模，在白色翻糖洋裝上切出一個直角當作領口。

Tips
以工具提高裙襬波浪處，做細部調整，做出讓裙襬飛揚的生動感。

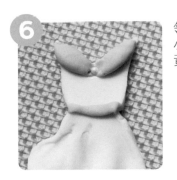

6 領口中間壓一個小孔，黏上一顆黃色小糖珠。

完成

取細畫筆，沾取酒精，稀釋粉紅色色粉，畫出玫瑰的輪廓，再混合紅色與白色色粉，以繞圈圈方式畫出玫瑰花細節，最後利用綠色加一點咖啡色，調出葉子顏色，畫上葉子裝飾，室溫自然乾燥一晚。

飛天魔毯

難度 Level ♥♡♡♡♡

2 以正方形餅乾模切出四個邊，變成白色長條形翻糖。

3 將白色長條形翻糖折起，略微壓整接口。

1 取一塊白色翻糖，搓成圓形，在有凹凸面的烘焙矽膠墊上擀平。

完成

取藍綠色翻糖，以同樣方式（無須有凹凸面）做出小一點的毛毯，並且疊在白毛毯上。

Tips

保留一些厚度比較像毛毯。

神奇抽屜櫃

難度 Level ♥♡♡♡♡

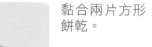
③ 黏合兩片方形餅乾。

④ 兩片餅乾接合縫的中間，擠少許黃色軟糖霜，黏上一顆糖珠當抽屜把手。

Tips

以鑷子固定，待糖珠固定後再移開。

① 將軟糖霜稀釋成稀糖霜。

② 取兩片 2×4×1 公分方形餅乾，在餅乾背面塗抹白色稀糖霜。

完成

抽屜櫃完成。

典雅衣櫃組合
難度 Level ♥ ♥ ♥ ♡ ♡

在櫃子上放上兩件毛毯。

把衣架掛上牙籤掛勾。

① 在衣櫃左邊擺上古典鏡子。

完成

放上翻糖洋裝，衣櫃組成完成。

② 在衣櫃右下角擺放櫃子。

Winter
Wonderland

奇幻的冰雪世界

冬季奇景
Winter Wonderland

冬天用雪白的糖霜裝飾在黑色底的餅乾上最有 FU 了！
用少許糖霜，也可以表現出冬天結霜的寒冷感覺。
這組餅乾作品裡有扇木板門，帶出聖誕節的歡愉氣氛！

現在有很多餅乾模和粉篩模一起出售，
使用粉篩模裝飾餅乾的小技巧，也很方便，
而且如果要做大量的餅乾，善用這個用粉篩模裝飾的技巧，
可以輕易又快速複製完整一致性的糖霜餅乾哦！

冬季奇景餅乾組

學習技巧
- ✔ 粉篩模裝飾糖霜
- ✔ 木板效果
- ✔ 結霜效果
- ✔ 糖霜造型技巧

糖霜顏色

稀糖霜	軟糖霜
白色	紅色
	咖啡色
	綠色
	白色

影片這裡看！

自由鳥

難度 Level ♥♡♡♡♡

3 再以畫筆暈開顏色，製造深淺效果。

1 用白色稀糖霜鋪滿整個餅乾底，同時利用糖霜針筆整理邊界，烘乾備用。

4 以黑色色素筆畫上眼睛和嘴巴。

2 將粉篩模緊貼在已經確定糖霜完全乾燥的餅乾上，以紅頭黑色食用色素筆在翅膀及腹部上將形狀描下來。

Tips

進行此步驟時要確定糖霜完全乾燥。

完成

自由鳥完成。

圓形蒲公英
難度 Level ♥♡♡♡♡

1 以抹刀沾取少許稀糖霜，塗抹在餅乾上，做出透明感有冬天結霜的感覺，烘乾備用。

3 用白色軟糖霜畫出蒲公英的梗。

4 用白色軟糖霜畫出蒲公英飄揚的種子。

2 用白色軟糖霜畫出蒲公英的花。

完成

圓形蒲公英餅乾完成。

Tips

交疊細線條更自然。

43

高雅麋鹿
難度 Level ♥♡♡♡♡

3 以黑色食用色素筆先描繪出外圍輪廓。

Tips

進行此步驟時，要先確定糖霜完全乾燥。

1 將白色稀糖霜鋪滿整塊麋鹿餅乾，利用糖霜針筆整理邊界，烘乾備用。

4 再用畫筆暈開顏色，製造深淺效果。

2 將粉篩模放在想要描繪的麋鹿背上。

5 麋鹿的腳上，也利用同樣做法，做出描繪效果。

6

在麋鹿角上，以畫筆沾上銀灰色，塗抹出渲染效果。

完成

麋鹿完成。

飄飄雪花

難度 Level ♥♡♡♡♡

1

將雪花篩模緊貼在餅乾上固定，擠一小團白色軟糖霜放在粉篩模上。

2

以刮刀板均勻施力，將軟糖霜朝餅乾外圍刮平。

完成

再小心移開粉篩模即可。雪花餅乾完成。

Tips

糖霜要確實填滿所有空隙，刮糖霜的過程注意粉篩模不要移動。

聖誕裝飾門

難度 Level ♥♥♥♡♡

3 以咖啡色軟糖霜畫出門軸、門栓、門把。

4 再利用咖啡色軟糖霜畫出一個不規則的圓圈，再於圓圈上頭畫出上下兩條交錯線條，做成聖誕花圈樣子。

1 以抹刀沾取少許稀糖霜，塗抹在一塊 4×6 公分的黑餅乾上。

5 再用紅色軟糖霜擠出圓點，做出聖誕紅的樣子。

Tips

擠出來的糖霜若不夠圓，可以用筆略微整理。

2 立刻以刮刀板在餅乾上垂直畫出三條線條，做出木條的感覺。

6 將綠色軟糖霜裝入三明治袋中，在最前頭剪出 V 字形。

7 擠出聖誕葉子，可用糖霜針筆整理，做出更立體的效果。

完成 ▷

將畫好糖霜的餅乾烘乾後，在門栓及門鎖上畫上銀色，門完成。

2 用白色軟糖霜畫出蒲公英的花。

3 用白色軟糖霜畫出蒲公英飄揚的種子。

愛心蒲公英
難度 Level ♥♡♡♡♡

1 以抹刀沾取少許稀糖霜，塗抹在餅乾上，做出透明感有冬天結霜的感覺，烘乾備用。

完成 ▷

用白色軟糖霜畫出蒲公英的梗。愛心形蒲公英餅乾完成。

Happy
New Year

新年到，穿新衣，戴新帽

恭喜新年好
Happy New Year

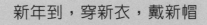

糖霜不是只能做西式的裝飾，
以中國傳統元素 結合糖霜，
做出頗有東方特色的糖霜裝飾餅乾，
可以賦予糖霜很不一樣的作品感覺。
這款糖霜餅乾完成後可以真的當吊飾，
做成過年好禮送給親朋好友，最吸睛！
新年的大紅色，配上討喜的金色，
帶給大家新年的祝福！一元復始，萬象更新。

學習技巧

✔ 轉印技巧
✔ 糖霜拉線
✔ 糖霜上色
✔ 翻糖捏塑，上色（翻糖能做出燈籠的立體感， 豐富作品的變化度）

糖霜顏色

稀糖霜
淺咖啡色
正紅色

軟糖霜
淺咖啡色
白色

翻糖顏色

紅色

新年餅乾組

注意：有 ＊ 號的餅乾烤前要用牙籤先戳出洞。

將邊線內部擠滿紅色稀糖霜。

4
再利用糖霜針筆調整邊界。

「福」氣臨門

難度 Level ♥♥♥♡♡

1
製作有孔洞的餅乾（做法請見P.53「海頓媽媽，好神！」之「有孔洞的餅乾這樣做！」）。

5
輕輕將塗滿糖霜的餅乾略微搖晃，使其分布均勻，烘乾備用。

2
取畫框形餅乾，用正紅色稀糖霜，先把孔洞畫圈隔離，再將餅乾邊緣畫出紅色邊線。

Tips

若發現糖霜上有小細泡，可以用糖霜針筆將細泡戳破。

6 取本書 P.157「附錄」的「福」字，覆蓋一張吸油面紙在字體上，以膠帶固定好吸油面紙四邊。

Tips

建議使用無香料添加的吸油面紙。

9 輪廓就成功轉印到餅乾上了。

Tips

這個技巧也可以用在任何想要轉印的圖案上，所以不太會畫畫也不用擔心。可以應用在自己喜歡的卡通圖案或任何妳想要的圖案。

7 以黑色食用色素筆描繪出「福」字輪廓。

10 依轉印痕跡，用淺咖啡色的稀糖霜描出工整的字。

8 撕下膠帶，拿起吸油面紙，移到餅乾上，對準想要轉印的餅乾區塊。以黑色食用色素筆，依吸油面紙上的圖案，再描繪一次輪廓。

Tips

要確認餅乾上的糖霜已完全乾燥再進行。

11 利用糖霜針筆把細節與邊界調整好。

Tips

記得要完全遮蓋住轉印的痕跡。

12 將淺咖啡色的軟糖霜，連結畫框形餅乾的四個角，畫出方形。

16 畫筆沾取酒精，混合金色食用色粉，調成均勻金色顏料備用。

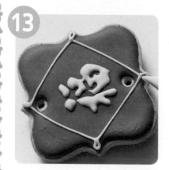

13 在每個直角上方以淺咖啡色軟糖霜畫出圓圈。

17 以金色顏料將淺咖啡色線條及圍邊上色，烘乾備用。

14 在畫出正方形的邊上，畫出一排三個半圓形，每個半圓形要交疊前一個半圓形。在第一排上方，畫出一排兩個交疊的半圓形。

15 依步驟 14 至 16，完成另外三邊。

Tips

淺咖啡色糖霜與金色色調接近， 因此使用淺咖啡色糖霜畫線條， 可以讓金色在上色時更凸顯出金色與亮度。如果用白色糖霜用金色上色，也會有不同效果。

完成

福字餅乾完成。

海頓媽媽
好神 ♥

有孔洞的餅乾這樣做！

餅乾戳洞，完成品可以選擇串上中國結，讓餅乾有中國吊飾的感覺。
餅乾戳洞方式有兩種，最好的方式就是在餅乾麵團壓好模，送入烤箱之前，就用吸管或筷子在餅乾麵團上先戳洞；另一種方式則是在餅乾剛烤好時出爐，趁餅乾還沒放涼，就用吸管或筷子戳洞。 但這個方式要小心操作，因為剛烤好的餅乾很脆弱，戳洞時要輕巧，以免弄破餅乾。

P.105 的「生日收涎」系列的「腳丫包屁衣」、「小星星圍兜」、「可愛掛耳熊」上孔洞，也是如此做法。

一種模型，N 種造型！

眼尖的讀者，在閱讀完本書後，會發現一個很有趣的特點，這也是海頓媽媽的巧思之一。
一種模型，可以做好幾種造型！

「新年快樂」系列中的福字所用的餅乾，與 P.61「情人節」系列的「手繪玫瑰蕾絲」、P.117「夢幻婚禮」系列的「蕾絲餅乾」，都是使用同一款餅乾模。
一種模型，可以擁有好幾款造型，就看大家怎麼應用囉！

影片這裡看！

「春」到了

難度 Level ♥♥♥♡♡

1 取一塊正方形餅乾，以正紅色稀糖霜，將餅乾邊緣畫出紅色邊線。將邊線內部擠滿紅色稀糖霜，利用糖霜針筆調整邊界。

2 輕輕將塗滿糖霜的餅乾略微搖晃，使其分布均勻，若發現糖霜上有小細泡，可以用糖霜針筆將細泡戳破。烘乾備用。

3 同「福字餅乾」一樣的轉印技巧，轉印出春字在餅乾上，並依照糖霜餅乾上的轉印痕跡，以淺咖啡色的稀糖霜描出工整的春字，將淺咖啡色的軟糖霜，連結畫框形餅乾的四個角，畫出方形，並在每個直角上方以淺咖啡色軟糖霜畫出圓圈。

完成

將餅乾烘乾後，以畫筆沾取酒精，混合金色食用色粉，調成均勻金色顏料，將淺咖啡色線條及圍邊上色，烘乾備用，春字餅乾完成。

Tips

淺咖啡色糖霜與金色色調接近，因此使用淺咖啡色糖霜畫線條，可以讓金色在上色時更凸顯出金色與亮度。如果將白色糖霜用金色上色，也會有不同效果。

3 將邊線內部擠滿紅色稀糖霜。

4 再利用糖霜針筆調整邊界。

如意扇
難度 Level ♥♡♡♡♡

1 製作扇子形狀餅乾。以圓形餅乾模，先壓出圓形，再切兩刀成扇形後烘烤，放涼備用。

2 扇形餅乾以正紅色稀糖霜，在餅乾上端畫出一段圓弧邊線，再於餅乾中間畫出一段圓弧，連結兩側，畫出扇子本體。

5 輕輕將塗滿糖霜的餅乾略微搖晃，使其分布均勻，若發現糖霜上有小細泡，可以用糖霜針筆將細泡戳破，烘乾備用。

6 以淺咖啡色的軟糖霜，從扇子本體底部畫直線到三角底部，畫出扇子骨架線條。

7 陸續畫出 5 條細線。

11 以小畫筆沾取黑色顏料，畫出樹枝的主幹及枝幹。

8 以淺咖啡色軟糖霜擠出小三角形，做出把手。

12 取白色軟糖霜，擠出五個小點點圍成一個圓圈，每個點中間略有間隔，做成梅花模樣。

Tips

可使用 PME 1 號 或 1.5 號花嘴。

9 以糖霜針筆調整把手形狀。

完成

樹枝枝幹的尾端末梢處及其他枝幹也擠出圓點，隨意擠畫出小白點，當成梅花花苞。烘乾後，扇子餅乾就完成。

10 以畫筆沾取酒精，混合少許竹炭粉，調成均勻黑色顏料備用。

大紅燈籠
難度 Level ♥♥♥♥♥♥

以兩手手掌邊或工具，將翻糖塑造出燈籠的形狀。

將紅色翻糖揉捏至柔軟，再揉成圓球狀，放置在蛋形餅乾上。

取紅色翻糖，搓一小長條形。

黏在燈籠主體的頂端。

略微輕壓成半圓。

底部也同樣用紅色翻糖，搓一小長條，黏上當底部。

Tips

如果想要加強黏度，可以在翻糖背面以畫筆沾少許水塗抹當作黏合劑，再黏在餅乾上。

取一小片白色翻糖，搓成橢圓形。

將白色橢圓翻糖壓扁。

以刀子切成條狀。

Tips

不要切斷，要做出鬍鬚的感覺。

鬍鬚上端抓起捏緊。

取紅色翻糖搓出一細長條，繞在鬍鬚上方。

將完成的鬍鬚黏在燈籠底部。

Tips

可用翻糖工具輔助，黏上後，將交界處再確實黏緊。

取一小塊白色翻糖，搓成一細長條，在燈籠頂端將白色細長條翻糖的一端，黏在頂端左側，往上繞出半圓形燈籠提把。

利用工具將白色細長條翻糖多餘的部分切除。

18 用小畫筆沾取黑色顏料，畫出樹枝的主幹與枝幹。

15 用工具將燈籠頂端輕壓出痕跡，不用割斷。

19 取白色軟糖霜，擠出五個小點點圍成一個圓圈，每個點中間略有間隔，做成梅花模樣，並在樹枝枝幹的尾端末梢處，擠出單顆小白點，當成梅花花苞。

Tips

可使用 PME 1 號 或 1.5 號花嘴

16 底部也同樣用工具將燈籠頂端輕壓出痕跡。

20 取白色軟糖霜，在燈籠本體上，畫出四條細線，將燈籠分成五等份，並用針筆略微調整，乾燥備用。

17 以畫筆沾取酒精，混合少許竹炭粉，調成均勻黑色顏料備用。

完成

以畫筆沾取酒精，混合少許金色食用色粉，調成均勻金色顏料，將白色翻糖提把及燈籠本體上的白色糖霜、燈籠鬚鬚，塗上金色顏料。燈籠餅乾完成。

Valentine's
Day

愛上你，是最美的事

情人節
Valentine's Day

長大了，知道要多愛自己一些。
美麗的玫瑰、華麗的珠寶、夢想的羽毛，
堆砌著愛與溫暖。
情人節，一個充滿愛的節日，
也慶祝一下愛自己的你吧！

情人節餅乾組

學習技巧
- ✔ 翻糖玫瑰捏塑技巧
- ✔ 糖霜彩繪
- ✔ 翻糖模型使用與上色
- ✔ 威化紙裝飾
- ✔ 糖蕾絲技巧

糖霜顏色

稀糖霜	軟糖霜
白色	白色

翻糖顏色
粉紅色
淡粉紅色
白色

戀愛玫瑰花

難度 Level ♥♥♥♥♥

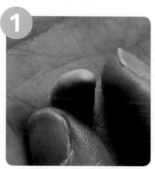

1 取一小塊粉紅色翻糖，揉成圓錐狀，當成玫瑰花花心。

2 取一小塊粉紅色翻糖，揉成水滴狀。

3 將水滴狀翻糖放入文件夾內。

4 以大拇指將翻糖壓扁，同時將前端周圍來回壓薄。

5 完成玫瑰花瓣，重複步驟 2 到步驟 4，做出數片花瓣，花瓣從裡到外，漸層依序是粉紅、淺粉紅、白色。

6 取出步驟 1 的花心，以花瓣將花心包裹起來。

7 依序包上粉紅色花瓣，並做出花瓣一些捲翹自然的感覺。

Tips

注意花瓣與花瓣之間重疊的位置。

8 再依序包上淡粉紅花瓣。

9 最外圍再包上白色的花瓣。

10 將做好的玫瑰花放在鋪有烘焙紙的蛋盒上。

11 利用針筆稍微整理花瓣，使其更具立體感，自然乾燥一晚備用。

完成

取圓形餅乾，沾取少許稀糖霜，將玫瑰花黏在餅乾上。翻糖玫瑰完成。

雅緻珠寶
難度 Level ♥♡♡♡♡

1 翻糖矽膠膜先撒上糖粉。

Tips

若糖粉不小心撒太多,可以倒出多餘糖粉。

2 取白色翻糖,將翻糖填壓入珠寶翻糖模。

Tips

多餘的翻糖可以用刮除的方式,或是取出重新調整翻糖的分量再壓入模型。同時確認周圍部分都壓到翻糖。

3 取出時將翻糖模倒過來,利用翻糖模的軟度,使翻糖自動離開翻糖模,而不是用手將翻糖摳出,自然乾燥一晚備用。

Tips

如果硬是用手將翻糖摳出來,翻糖容易變形。

4 畫筆沾取酒精,混合紅色色膏與金色食用色粉。

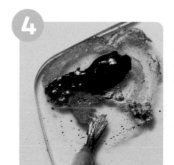

⑤

將食用顏料畫在珠寶上。

珠寶翻糖餅乾完成。

⑥

畫筆沾取酒精，混合綠色色膏及一點點黑色色膏，塗在非圓形的部分；再取畫筆沾取酒精，混合一點點紫色色膏，塗在橢圓形球面旁那一圈上。

海頓媽媽好神 ♥

加一點金粉，色感大不同！

⑦

取方形餅乾，在餅乾上擠上少許白色稀糖霜。

金色／銀色食用色粉並不便宜，但是一般的顏色若加上一點點金色／銀色色粉，所呈現出來的質感，立刻就提高不少，所以還是很值得投資。

使用時請注意，不需要加太多，一點點就好！

⑧

將珠寶翻糖黏在餅乾上。

影片這裡看！

蝴蝶結珠寶
難度 Level ♥♡♡♡♡

3 取出時將翻糖模倒過來，利用翻糖模的軟度，使翻糖自動離開翻糖模，而不是用手將翻糖摳出，自然乾燥一晚備用。

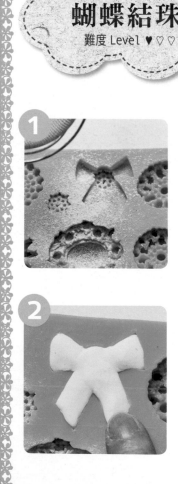

1 翻糖矽膠膜先撒上糖粉。

4 畫筆沾取酒精，混合紅色色膏與金色食用色粉，將食用顏料畫在蝴蝶結翻糖上，乾燥備用。

2 取白色翻糖，將翻糖填壓入珠寶翻糖模。

完成

取圓形餅乾，在餅乾上擠上少許白色稀糖霜，將蝴蝶結翻糖黏在餅乾上，蝴蝶結翻糖餅乾完成。

3

畫筆沾少許水，在羽毛邊緣輕畫。

Tips

利用水沾濕威化紙，羽毛就會呈現自然捲曲狀。

浪漫小羽毛

難度 Level ♥♡♡♡♡

1

取威化紙，依本書 P.161 附上的紙模，割下羽毛形狀。

4

威化紙羽毛中間，用白色軟糖霜畫出一條直線，當作羽毛梗，乾燥備用。

2

以刀片在邊邊割出細線。

 完成

在羽毛背面擠一點白色稀糖霜，黏在 4x8 公分的長方形餅乾上，羽毛餅乾完成。

手繪玫瑰蕾絲
難度 Level ♥♥♥♡♡

3

輕輕將塗滿糖霜的餅乾略微搖晃，使其分布均勻，烘乾備用。

4

畫筆沾取酒精，混合粉紅色色膏與金色食用色粉，將食用顏料在餅乾中間畫一條線。

1

取一塊餅乾，用白色稀糖霜畫出白色邊線，再用白色稀糖霜 底。

5

將餅乾分成兩部分，並將一半塗滿顏色。

2

利用糖霜針筆整理邊界。

6

餅乾另一半以同樣的顏色畫出粗線條。

7 畫筆沾取酒精，混合粉紅色色膏，在粗線條上再畫上細線條。

10 畫筆沾取酒精，混合白色色膏，在玫瑰花上畫上細節，讓玫瑰更顯逼真。

8 以白色軟糖霜畫出蕾絲與細節。

11 畫筆沾取酒精，混合綠色色膏，加點咖啡色色膏，在玫瑰花旁畫上葉子。

Tips

圖案可以自行設計，但建議以簡單、雅緻為主。

完成

手繪玫瑰蕾絲餅乾完成。

9 畫筆沾取酒精，混合紅色色膏與金色食用色粉，以繞圈的方式，在餅乾上畫出玫瑰。

愛心糖蕾絲
難度 Level ♥ ♥ ♥ ♡ ♡

1 將糖蕾絲片放在餅乾上，測量需要的長度。

2 剪下需要的長度。

3 取畫筆沾取一點水，塗抹在糖蕾絲會擺放的位置上。

4 將裁剪好的糖蕾絲片貼上。

完成 愛心糖蕾絲餅乾完成。

海頓媽媽
好神 ♥

什麼是糖蕾絲？可以自己做嗎？

糖蕾絲是這幾年開始的餅乾蛋糕裝飾技巧，利用糖蕾絲模，可以做出像蕾絲布一樣有彈性的「可食蕾絲」。

市售糖蕾絲粉雖然方便，但價格並不便宜，其實只需要三樣簡單食材，就可以自製糖蕾粉哦！

材料 泰勒絲粉　　1 茶匙
水　　　　　1 大匙 +1 茶匙
軟糖霜　　　兩小匙
白色色膏　　少許

做法

1 泰勒絲粉放在杯碗中。

2 將水倒入泰勒絲粉中。

3 仔細攪拌均勻。

4 將白色軟糖霜加入，仔細攪拌均勻。

5 再加入幾滴白色色膏，攪拌均勻，完成是膠狀。

Tips
如果還是太乾可以多加一些軟糖霜攪拌。

6 用刮刀板將糖蕾絲粉壓入糖蕾絲模，一定要將模型空隙填滿。

7 放入烤箱以 60℃約烤 15 分鐘，再用刮刀版補助取下糖蕾絲片。

8 依自己喜歡的大小或所需的部分裁剪。

Tips
想做出不同蕾絲顏色，也可加不同色膏做變化。

Easter

蛋蛋驚喜

復活節
Easter

復活節除了是基督徒紀念耶穌復活的日子以外，
也象徵著萬物復甦的春天，
繽紛的色彩表現在糖霜翻糖餅乾上最為適合了！
其中最具代表性的是彩蛋（Easter Egg）和兔子（Easter Bunny），
此篇將教大家很特別的裝飾餅乾技巧，
能完整表現復活節彩蛋和毛茸茸的兔子哦！

復活節餅乾組

學習技巧

✔ 威化紙運用
✔ 糖霜上色
✔ 餅乾屑裝飾
✔ 不同區塊填色

糖霜顏色

稀糖霜
黃色
白色
粉紅色
米色

軟糖霜
白色

影片這裡看！

3 將餅乾屑撒上表面。

茸茸兔
難度 Level ♥♡♡♡♡

1 將抹茶餅乾放入塑膠袋內，塑膠袋一頭轉緊，以擀麵棍輕輕將餅乾敲碎備用。

4 稍微搖晃讓多餘的餅乾屑抖落，或補充餅乾層不足的地方，烘乾備用。

Tips

也可將原味餅乾放入塑膠袋內，敲碎後，加入一小匙抹茶粉，混合均勻即可。

2 取兔子餅乾，在餅乾上面先塗抹上一層稀糖霜。

完成

茸茸兔糖霜餅乾完成。

小兔彩蛋

難度 Level ♥♥♥♥♥

利用糖霜針筆將糖霜塗滿整個範圍，烘乾備用。

待餅乾中間的稀糖霜烘乾後，在蛋的上下兩頭塗抹白色稀糖霜。

取一塊蛋形餅乾，用白色稀糖霜，在彩蛋中間畫出白色邊線。

在蛋的上下兩頭撒上抹茶餅乾屑（做法請見茸茸兔）。

將多餘的餅乾屑抖落。

將邊線內部擠滿白色稀糖霜。

7 用翻糖工具組在餅乾屑與糖霜間做出明顯邊界。

11 用食用色素筆畫上兔子眼睛及鼻子。

8 用小筆刷將邊界的餅乾屑清乾淨。

12 邊界擠上黃色稀糖霜。

9 利用小筆刷畫上小兔子雛形。

完成

彩蛋糖霜餅乾完成。

10 利用小筆刷畫上可愛的兔子耳朵與玫瑰花。

依序畫完五個花
瓣,烘乾備用。

糖霜烘乾後,
再畫出另外一
半花瓣。

米色花朵
難度 level ♥♡♡♡♡

取花樣餅乾一塊。
將米色稀糖霜在每
一瓣花瓣上,畫上
半瓣的糖霜。

再取白色,稀糖
霜,於花朵中
間定點擠出一
個白色花蕊。

Tips

這主要是練習在不同區塊填色的技巧。

完成

將花朵烘乾,
米色花朵完成。

玫瑰彩蛋
難度 Level ♥♥♥♥♥

③ 利用糖霜針筆將糖霜塗滿整個範圍。

④ 輕輕將塗滿糖霜的餅乾略微搖晃，使其分布均勻，烘乾備用。

① 取一塊蛋形餅乾，用黃色稀糖霜，在彩蛋邊緣畫出黃色邊線。

Tips

若發現糖霜上有小細泡，可以用糖霜針筆將細泡戳破。

② 將邊線內部擠滿黃色稀糖霜。

⑤ 取紅色色膏，加上一點點酒精調成均勻紅色顏料備用。

6 用小畫筆沾取紅色顏料，在餅乾上畫出紅玫瑰圖案。

10 取綠色色膏調上酒精，調成均勻的綠色顏料；加上些許咖啡色色膏，調成咖啡綠，在玫瑰花旁畫上葉子。

7 取白色色膏與紅色相混，調成淡粉紅色顏料備用。

11 紅色顏料與咖啡色色膏調勻，搭配一點點金色色粉，在玫瑰花旁畫出樹枝的線條，依步驟5到步驟12的做法，在斜對角再畫出一檔玫瑰花。

8 在步驟6的紅玫瑰圖案上，再加上淡粉紅色線條。

12 餅乾外圈以白色軟糖霜擠小圓，圍成一圈。

9 取白色及紅色顏料，在玫瑰圖案上加上線條凸顯。

完成

玫瑰彩蛋完成。

粉色花朵

難度 Level ♥♡♡♡♡

1 取花樣餅乾一塊。將每一瓣花瓣區分3部分，取粉紅色稀糖霜畫出中間部分。

2 依序畫完五個花瓣，烘乾備用。

3 糖霜烘乾後，再畫出另外每一個花瓣的兩旁部分。

4 再取黃色稀糖霜，於花朵中間定點擠出一個黃色花蕊，並在上面擠出數個小點，做出花蕊的樣子。

完成

將花朵烘乾，粉色花朵完成。

威化紙花朵

難度 Level ♥ ♥ ♥ ♡ ♡

1 以花朵模型在威花紙上壓出花瓣痕跡,剪出2個五瓣花圖形。

2 將威化紙花朵放在海綿墊上。

3 將畫筆沾水,在威化紙花朵的花瓣邊緣微微沾濕。

Tips

水不要太多,否則威化紙會融化。

4 利用圓形工具將花瓣邊緣來回輕壓,威化紙便會呈現輕微捲曲狀。

5 在花朵中心重壓一下。

6 重複步驟 2 到步驟 5 的動作，將另外一個威化紙花朵也做好。

10 撒上食用糖珠當作花心。

7 用小畫筆沾取少許的水當作黏合劑，在花朵中心沾上一點水。

11 用鑷子整理花瓣的方向。

8 將 2 朵花黏合。

12 取花朵餅乾，在餅乾上擠少許白色稀糖霜。

9 在花朵中心擠少許白色稀糖霜。

完成 將威化紙花黏在餅乾上。

Tips

利用威化紙稍微沾濕就能捲曲的特性，做出的花朵好看又逼真。

超酷的威化紙！

這幾年在蛋糕及餅乾，興起以「威化紙」來裝飾。威化紙就是糯米紙，特性就是沾濕了就會捲曲，也可以上色。威化紙本身沒有味道，入口即化，適合不喜歡太甜膩的餅乾裝飾。

市售也常見以食物印表機印好的威化紙，方便消費者購買應用在裝飾上。

威化紙應用非常廣，海頓媽媽常用威化紙做出下面的作品。

1 打洞：用圖案打洞機做造型，貼黏在作品上。
   如 P.143「玩具」系列的「搖搖馬」。

2 羽毛製作：用威化紙可做出輕柔感的作品，如
   P.61「情人節」系列的「羽毛」作品。

3 造型花朵：用花朵餅乾模在威化紙上稍微按壓
   痕跡，即可剪下做成立體感十足的花朵，如
   P.73「復活節」系列的「威化紙花朵」。

4 彩繪：以食用油加上色膏、色粉，在紙上彩繪
   的效果最顯色。但要注意的是，威化紙有光滑
   面和粗糙面，盡量以光滑面做上色或是呈現作
   品，例如 P.143「玩具」系列的「威化紙風車」。
   及 P.105「生日收涎」系列的「生日小旗子」。

BOO

BOO

Trick Treat

Halloween

不給糖，就搗蛋

萬聖節
Halloween

每年 10 月 31 日是西洋的鬼節，
當天晚上大街小巷總有大人小孩打扮得「鬼」模「鬼」樣，
而小孩子則忙著挨家挨戶要糖果，
「Trick or treat！」（不給糖，就搗蛋）滿街響。
萬聖節應該是大人、小孩都喜歡的節日了！
可以裝神弄鬼，或是扮演自己喜愛的人物。
萬聖節其實也沒那麼恐怖，
一起來用翻糖輕鬆做出可愛鬼和南瓜吧！
Trick or treat！

學習技巧
✓ 翻糖塑型
✓ 翻糖上色

翻糖顏色
橘色
白色
綠色

萬聖節餅乾組

Tips

如果沒有南瓜模型，可以把愛心模型壓扁，稍微調整一下也很像南瓜哦！

萬聖節南瓜

難度 Level ♥♥♥♡♡

1 取橘色翻糖，揉捏至柔軟，擀平備用。

2 取南瓜餅乾模，在橘色翻糖上壓出南瓜形狀。

3

使用翻糖工具，輕輕在翻糖上劃出有點圓弧狀的刻痕，製造出更像南瓜的造型。

4 取綠色翻糖，揉捏至柔軟，捏出一小粗條，黏上南瓜的頂端，當作南瓜的蒂頭。

5 取綠色翻糖，再揉出細長條，略微旋轉，製造出藤蔓的感覺。

6 把綠色藤蔓翻糖黏在蒂頭上，往下延伸到南瓜翻糖，並調整位子。

10 用細的黑色食用色素筆，在白色翻糖上寫出 BOO。

7 重複步驟 4 ～ 6，多做幾條綠色藤蔓翻糖，黏在南瓜翻糖上。

11 白色翻糖背面刷上一點水，黏在南瓜翻糖上面。

8 圓形餅乾沾點水，把南瓜翻糖黏在餅乾上。

完成 萬聖節南瓜完成。

9 取白色翻糖，揉捏至柔軟，再揉成圓形，略微壓扁，乾燥備用。

Tips

同一個餅乾模型，壓得扁平一些，或拉長一些，善用這個小技巧，就可以做出各種造型，或不同長短的南瓜囉！

取白色翻糖,捏出兩個小圓,黏在身體兩旁當作手,乾燥備用。

可愛鬼
難度 Level ♥♥♥♡♡

1 取白色翻糖,揉捏至柔軟,再捏出一個小球狀,把尾端捏長成水滴狀。

4 白色可愛鬼臉上用細的黑色食用色素筆,畫出眼睛和嘴巴。

完成

用棉花棒沾取粉紅色食用色粉,畫在可愛鬼臉上當作腮紅,可愛鬼完成。

2 將尾端稍微彎曲,做成可愛鬼的身體。

Tips

可重複步驟 1 ～ 5,畫上不同表情,就可以做出更多可愛鬼。

完成

Trick or treat
翻糖完成。

海頓媽媽
好神 ♥

你也可以這樣做！

Trick or Treat
難度 Level ♥♡♡♡♡

萬聖節的翻糖或糖霜裝飾餅乾的造型非常多，大家只要發揮創意，就可以做出許多可愛或恐怖的萬聖節餅乾。

除了海頓媽媽分享的這幾種造型外，如果家中有貓咪的餅乾模，也可以做出以黑色為底的糖霜餅乾，再畫上紅色或黃色的眼睛，就非常有萬聖節氣氛；另外隨手可得的圓形餅乾，以白色稀糖霜鋪底，等乾燥之後，畫上幾條斜線交錯的線條及眼睛，或是只要畫上黑黑的眼睛，加上像是縫線的線條，就像木乃伊了！

萬聖節是小朋友最快樂的節日之一，不妨和小朋友一起動手玩糖霜與翻糖，做出屬於你們自己的萬聖節餅乾！

1 取白色翻糖，揉捏至柔軟，再捏出一個圓形，略微壓扁，乾燥後備用。

2 用細的黑色食用色素筆，在白色翻糖上，寫出 Trick 和 Treat 字樣。

Tips

Trick 和 Treat 要寫得較具藝術感，才有效果！

飛向夢想的遠方

旅行
Bon Voyage

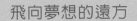

喜歡旅行，喜歡把旅途中開心的回憶保留下來。
一邊裝飾著糖霜餅乾，把旅行的美好也鑲了進去。
吃著餅乾回想起旅行中的點點滴滴，嘴角不禁揚起笑容。

旅行餅乾主題裡最重要的技巧是「印章」。
是的！利用印章也可以裝飾餅乾！
印章裝飾是一個既快速，也不需具備繪畫技巧的好方法哦！

學習技巧

✔ 糖霜基礎
✔ 印章裝飾
✔ 糖霜堆疊
✔ 糖珠運用

糖霜顏色

稀糖霜	軟糖霜
咖啡色	咖啡色
白色	白色
粉紅色	

旅行餅乾組

影片這裡看！

巴黎鐵塔

3 輕輕將塗滿糖霜的餅乾略微搖晃，使其分布均勻，烘乾備用。

Tips

若發現糖霜上有小細泡，可以用糖霜針筆將細泡戳破。

1 取一塊圓形餅乾，用咖啡色稀糖霜，在圓形餅乾邊緣畫出咖啡色邊線。將邊線內部擠滿咖啡色稀糖霜。

2 利用糖霜針筆整理邊界。

4 使用 PME 花嘴 1.5 號，裝入白色軟糖霜，擠出一小圓點，繞著圓形咖啡色糖霜擠一圈小圓點，當作圍邊裝飾，烘乾至少一晚備用。

Tips

糖霜要確認完全乾燥才可蓋印章，否則當印章壓在糖霜上，糖霜會非常容易碎裂。

5

取一個巴黎鐵塔印章，將印章突出部分，以黑色食用色素筆塗黑備用。

Tips

可來回塗滿，確定印章均勻沾上黑色色素。

Tips

如果有不清楚的地方，可以再用超細畫筆，沾取黑色食用色素筆上的顏色，補畫細節。

6

兩隻手拿取印章，對準餅乾要蓋上的位置，輕壓在糖霜餅乾上，確定手的壓力均勻，不要太用力以免把糖霜壓碎。

完成

巴黎鐵塔餅乾完成。

Tips

蓋印章時，雙手不要晃動，避免形狀模糊。

7

輕輕將印章移開糖霜。

海頓媽媽好神 ♥

關於食用色素筆

許多人用食用色素筆在糖霜餅乾上繪畫，做出圖案的細節，例如人物的眼睛等。但其實也可以將色素筆直接畫在印章上，在糖霜餅乾上蓋上圖案。

海頓媽媽個人建議，最好還是擁有1、2支食用色素筆，讓你設計起糖霜作品時更順手，也能增加不少創意與新意。

8

字體印章也和鐵塔蓋印同樣方式，蓋印在鐵塔上方稍微重疊鐵塔。

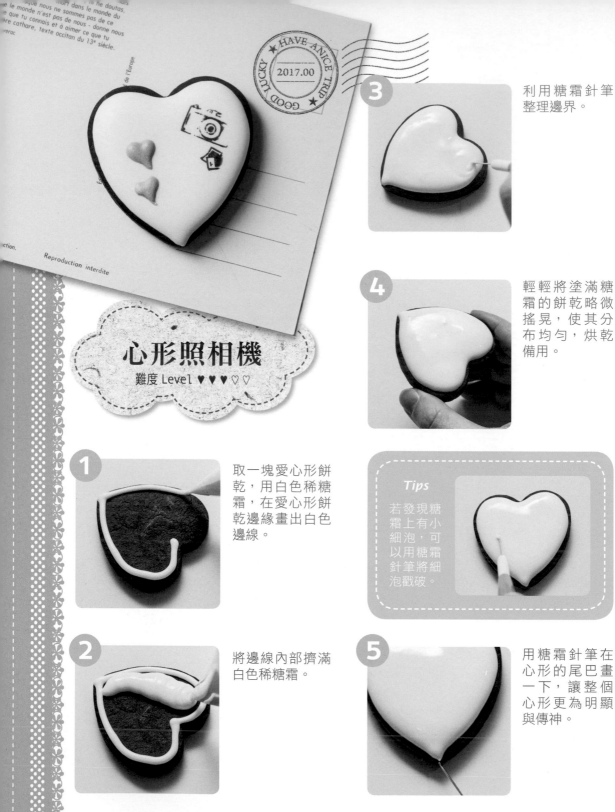

3

4

輕輕將塗滿糖
霜的餅乾略微
搖晃，使其分
布均勻，烘乾
備用。

心形照相機
難度 Level ♥♥♥♡♡

1

取一塊愛心形餅
乾，用白色稀糖
霜，在愛心形餅
乾邊緣畫出白色
邊線。

Tips

若發現糖
霜上有小
細泡，可
以用糖霜
針筆將細
泡戳破。

2

將邊線內部擠滿
白色稀糖霜。

5

用糖霜針筆在
心形的尾巴畫
一下，讓整個
心形更為明顯
與傳神。

8

取一個照相機印章,將要蓋印的印章突出部分,以黑色食用色素筆塗黑。

Tips

可來回塗滿確定印章均勻沾上黑色色素。

6

用粉紅色稀糖霜畫出愛心。

9

兩手拿取印章,對準餅乾要蓋上的位置,壓在糖霜餅乾上,確定手的壓力均勻但不要太用力,以免把糖霜壓碎,冉輕輕移開印章。

7

用糖霜針筆調整愛心的形狀與邊界,烘乾至少一個晚上備用。

Tips

如果有不清楚的地方,可以再用超細畫筆,沾取黑色食用色素筆上的顏料,補畫細節。

完成

照相機餅乾完成。

Tips

多了糖霜針筆的那一畫,待糖霜乾了之後,效果更加明顯。

3 利用糖霜針筆整理邊界。

神氣手提包
難度 Level ♥ ♥ ♥ ♥ ♥

4 輕輕將塗滿糖霜的餅乾略微搖晃，使其分布均勻，烘乾備用。

Tips

若發現糖霜上有小細泡，可以用糖霜針筆將細泡戳破。

1 取一塊正方形餅乾，用咖啡色稀糖霜，上方留一點空間，下方畫出咖啡色正方形邊線。

2 將邊線內部擠滿咖啡色稀糖霜。

5 用白色軟糖霜，在咖啡色正方形糖霜上方，畫出半圓形把手。

6 重複再用白色軟糖霜擠出半圓形，重疊上一條白色把手。

9 用白色軟糖霜，在咖啡色行李箱的角落，重複步驟 7～8，依序畫出四個行李箱的角。

7 用白色軟糖霜，在咖啡色行李箱邊邊畫出 1/4 半圓弧形。

10 用白色軟糖霜，在咖啡色行李箱的右側上，畫出三條白色細線。

8 用白色軟糖霜填滿。

Tips

重複畫出三條細線，讓行李帶比較有立體感。

Tips

如果糖霜有不平整的地方，可以用畫筆壓一下。

11 以糖霜針筆整理結尾的地方。

12 行李箱左側以步驟 10 的同樣方式，畫出三條白色細線，並用針筆整理結尾。

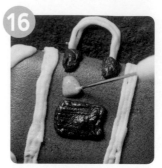

16 用粉紅色稀糖霜，擠出小方形當作行李標籤。

13 用咖啡色軟糖霜，在行李箱的正中間畫出一個小長方形口袋。

17 最後用白色軟糖霜畫一個圈，圈住咖啡色方形和粉紅色行李標籤，當作行李標籤細繩。

14 將長方形填滿咖啡色軟糖霜，用糖霜針筆調整邊界。

18 再用糖霜針筆調整圈圈邊界。

15 用咖啡色軟糖霜在把手和行李箱交界處畫出兩個小小方形。

手提包餅乾完成。

優雅粉紅花

難度 Level ♥♡♡♡♡

在花朵正中間
處,用白色稀
糖霜定點擠出
圓形。

趁糖霜未乾黏
上白色糖珠。

取花形餅乾,用
粉紅色稀糖霜在
其中一個花瓣中
間,由外往花心
擠出一條長水滴
形的糖霜。

用鑷子整理一
下糖珠的位置,
烘乾。

長水滴形的糖霜
兩側,由外往花
心擠出兩條比較
短的粉紅色水滴
形的糖霜,依序
完成花形餅乾上
的五個花瓣,烘
乾備用。

完成

花朵餅乾完成。

HAVE A NICE TRIP
★ ★
GOOD LUCKY
2017.00

疊高高行李箱

難度 Level ♥ ♥ ♥ ♥ ♥

1 將 P.126「婚禮蛋糕」的餅乾模型去掉心形部分,形成行李箱餅乾,用白色稀糖霜,在中間層邊緣畫出白色邊線。

2 將邊線內部擠滿白色稀糖霜。

3 利用糖霜針筆整理邊界。

4 輕輕將塗滿糖霜的餅乾略微搖晃,使其分布均勻,烘乾備用。

Tips

若發現糖霜上有小細泡,可以用糖霜針筆將細泡戳破。

5 用咖啡色稀糖霜,在最上層的位子,畫出長方形。

6 用咖啡色稀糖霜填滿小長方形後，用糖霜針筆調整邊界。

10 烘乾打底好的餅乾。

7 同時用粉紅色稀糖霜，在最下層畫出長方形。

11 用白色軟糖霜，在粉紅色行李箱上由左至右畫出一條細線。

8 將邊線內部擠滿粉紅色稀糖霜。

12 用白色軟糖霜，在白色行李箱上由左至右畫出一條細線。

9 利用糖霜針筆整理邊界。

13 同樣方式在咖啡色行李箱上由左至右畫出白色細線。

用咖啡色軟糖霜，在粉紅色行李箱的角落，畫出 1/4 圓弧形。

同步驟 17，在白色行李箱上畫出咖啡色細線。

用咖啡色軟糖霜填滿圓弧。

同步驟 17，在粉紅色行李箱上畫出咖啡色線條。

重複步驟 14 和 15，把粉紅色行李箱的四個角落都畫好細節。

Tips

線條可以稍微擠粗一點，因為粉紅色行李箱體積比較大。

用咖啡色軟糖霜，在最上層咖啡色行李箱上，垂直白線畫出兩條咖啡色細線的行李帶。

用咖啡色軟糖霜，在咖啡色行李箱兩條咖啡色細線的正中間，畫出垂直短線。

21 在白色行李箱上，兩條咖啡色細線的正中間，畫出一個咖啡色正方形。

25 在兩條細線外面再畫出兩條垂直短線。

22 用糖霜針筆調整正方形的邊界。

26 用粉紅色軟糖霜，重複步驟 14 ～ 15，將白色行李箱畫出四個角落的 1/4 圓弧形。

23 在粉紅色行李箱中間，以咖啡色軟糖霜畫出比白色行李箱上的正方形再大一點的正方形。

27 用白色軟糖霜，在粉紅色四個角落上畫上細節。

24 在正方形兩側用咖啡色軟糖霜畫出短線。

完成

疊起來的行李箱完成。

Happy
Birthday

祝福寶寶平安長大

生日收涎
Happy Birthday

看著小小的你長大，
是爸爸媽媽最有成就感，最開心的事！
想永遠記住你現在的樣子！
小 Baby 四個月大時的收涎，是多麼值得慶祝！
想要自己幫 Baby 做收涎餅乾其實不難。

這篇將教大家運用翻糖做出可愛又溫暖的收涎餅乾！
同時也收錄生日慶祝餅乾。
生日包含了好多意義，是成長、是感動、是新的開始，
用餅乾當作禮物與祝福，記錄這一天！

生日收涎餅乾組

學習技巧	✔ 翻糖技巧
	✔ 糖霜擠花
	✔ 威化紙運用

糖霜顏色	軟糖霜	硬糖霜
	白色	白色

翻糖顏色	黃色
	白色
	粉紅色
	藍色

注意：有＊號的餅乾烤前要用牙籤先戳出洞。

影片這裡看！

以黑色食用色素筆畫出眼睛及嘴巴，並以乾的畫筆沾上少許紅麴粉，在臉頰上刷出腮紅。

笑臉小星星

難度 Level ♥♡♡♡♡

將黃色翻糖擀平，以星星餅乾模壓出形狀。

餅乾翻面，以翻糖黏上紙棍。

取出星星餅乾，在餅乾上刷上少許果醬或稀糖霜，將黃色翻糖黏上，黏上後可以用指腹略微按壓，讓翻糖與餅乾完全貼緊。

完成

笑臉小星星完成。

將藍色翻糖擀平，以小象餅乾模壓出小象形狀。

取出小象餅乾，在餅乾上刷上少許果醬或稀糖霜，將藍色翻糖黏上，用指腹略微按壓，讓翻糖與餅乾完全貼緊。

花朵小藍象
難度 Level ♥♥♥♥♥

用白色硬糖霜製作五瓣花（見P.16「糖霜＆翻糖Q&A」之「硬／軟／稀糖霜的應用」）。

五瓣糖花背面擠一點糖霜，黏在小象餅乾上方。

Tips

若想讓花更具立體感，可在五瓣的上面，再做出三瓣花瓣疊上去，再綴上銀色小珠。

完成

取細畫筆，沾上白色色膏，在小象身體畫上白色小圓點，藍色小象完成。

將粉紅色翻糖黏上，用指腹略微按壓，讓翻糖與餅乾完全貼緊。

用白色軟糖霜，在餅乾上交叉擠出掛繩。

小小生日旗

難度 Level ♥♥♥♡♡

將粉紅色翻糖擀平，以方形餅乾模壓出方形。

威化紙以畫筆畫上格紋、點點等三種圖案（威化紙上色方法請參考P.109「海頓媽媽，好神！之「威化紙這樣上色！」）。

取出方形餅乾，在餅乾上刷上少許果醬或稀糖霜。

待圖案乾後，以剪刀剪成三種三角形的小旗子。

7

在繩子上擠
一點糖霜，
分別將小旗
子黏上。

生日小旗子
餅乾完成。

Tips

威化紙不要平貼，才有飄逸的感覺。

海頓媽媽
好神 ♥

威化紙這樣上色！

將食用油混合色膏調勻後，以筆沾取顏料，在威化紙上作畫的效果最好。
不僅上色後顏色顯色，威化紙也不易因為水分而變形。

食用油加上藍色
色膏，以畫筆混
合均勻。

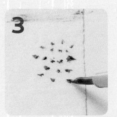

再畫出點點。

畫筆沾取顏色，
在威化紙畫上橫
線條。

最後畫出圈圈。

腳丫包屁衣
難度 Level ♥♥♥♡♡

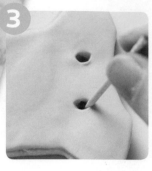

3 以牙籤在翻糖上戳出餅乾原本的洞。

4 將白色翻糖擀成長片，用工具切出如屋子形狀。

1 將粉紅色翻糖擀平，以衣服餅乾模壓出形狀。

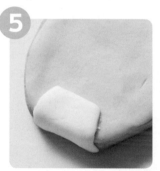

5 將屋子狀的翻糖黏在衣服餅乾下方，當成包屁衣底部。

2 取出衣服餅乾，在餅乾上刷上少許果醬或稀糖霜，將粉紅色翻糖黏上，用指腹略微按壓，讓翻糖與餅乾完全貼緊。

Tips
底部只包到餅乾的厚度。

6

用白色軟糖霜畫出衣服細節。

9

再接續畫出腳趾。

Tips

可以用糖霜針筆調整細節。

10

畫筆沾取酒精，稀釋銀色色粉，混合調勻。

7

用 PME1 號擠花嘴，在衣服上壓出鈕釦的效果。

11

在包屁衣底部的鈕釦上畫上銀色。

8

以白色軟糖霜在衣服中間，先畫出兩隻可愛小腳丫腳底。

完成

腳丫包屁衣完成。

取一小塊白色翻糖，揉成小圓柱，黏在奶嘴頭下方，當成奶瓶蓋。

小熊奶瓶
難度 Level ♥♥♥♡♡

以工具壓出壓痕。

將黃色翻糖擀平，以奶瓶餅乾模壓出奶瓶形狀。

取細畫筆，沾上咖啡色色膏，畫上咖啡色點點。

取出奶瓶餅乾，在餅乾上刷上少許果醬或稀糖霜，將黃色翻糖黏上，用指腹略微按壓，讓翻糖與餅乾完全貼緊。

取咖啡色翻糖，揉出一大兩小的圓。做成熊臉及熊耳朵。

7 黏在奶瓶下方裝飾，並以工具壓出耳朵形狀。

8 取一小塊白色翻糖，揉成小圓，黏在熊臉中間。

9 以工具壓出微笑嘴巴。

10 取一小塊咖啡色翻糖，揉成小圓球，黏在熊臉上方，當成熊鼻子。

11 以食用色素筆畫出熊眼睛。

12 用乾的畫筆沾上少許紅麴粉，在臉頰上刷出腮紅。

完成

小熊奶瓶完成。

將圍兜的左下角稍微捏出皺褶，讓圍兜更俏皮。

小星星圍兜
難度 Level ♥♡♡♡♡

以牙籤在翻糖上戳出餅乾原本的洞。

將白色翻糖擀平，以圍兜餅乾模壓出形狀。

將黃色翻糖擀平，以小星星餅乾模壓出形狀。

取出圍兜餅乾，在餅乾上刷上少許果醬或稀糖霜，將白色翻糖黏上，用指腹略微按壓，讓翻糖與餅乾完全貼緊。

將小星星翻糖黏在圍兜上。

7 以黑色食用色素筆在星星上畫出眼睛、嘴巴。用乾的畫筆沾少許紅麴粉，在星星臉頰上刷出腮紅。

完成

小星星圍兜完成。

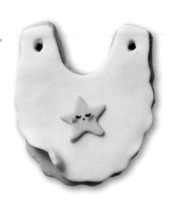

可愛掛耳熊
難度 Level ♥♥♥♥♥

2 將烤好的熊餅乾用食用色素筆畫出五官。

3 用乾的畫筆沾上少許紅麴粉，在臉頰上刷出腮紅。

1 用白色糖霜製作五瓣花（做法請見 P.16「糖霜 & 翻糖 Q&A」之「硬 / 軟 / 稀糖霜的應用」）。

完成

五瓣糖花背面擠一點糖霜，黏在熊餅乾的耳朵旁。可愛掛耳熊完成。

Enviable Wedding

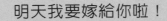

明天我要嫁給你啦！

夢幻婚禮
Enviable Wedding

待嫁的心，有點期待不安又有點不捨。
用最特別的婚餅，獻上婚禮的祝福，
以明亮的色系，勾畫出動人的永恆時刻。
特別的玫瑰花戒指餅乾，
求婚時不說：「我願意！」都不行呀！

執子之手，與你偕老。

夢幻婚禮餅乾組

**學習
技巧**

✔ 兩種玫瑰花擠花技巧
✔ 自製彩晶糖技巧
✔ 翻糖雕塑技巧
✔ 蕾絲效果

**糖霜
顏色**

硬糖霜	軟糖霜
深藍色	白色
白色	

**翻糖
顏色**

藍色
白色

取出愛心餅乾，在餅乾上刷上少許果醬或稀糖霜。

閃亮亮愛心

難度 Level ♥♡♡♡♡

將藍色翻糖黏上，並用指腹略微按壓，讓翻糖與餅乾完全貼緊。

自製彩晶糖。彩晶糖做法請見 P.119「海頓媽媽，好神」之「自製彩晶糖」。

翻糖上塗抹白色稀糖霜。

將藍色翻糖擀平，以愛心餅乾模壓出形狀。

將藍色彩晶糖撒在翻糖餅乾上。

7 輕輕搖晃，將多餘的彩晶糖抖落。

自製彩晶糖

彩晶糖製作非常簡單，只要一點點巧思，就可以讓作品有 bling bling 的效果。

材料 白色二砂糖少許
　　　色膏少許

做法

1 將二砂糖放在盤子上。

8 用工具整理旁邊的邊界，讓彩晶糖也成心形。

2 滴上想要的顏色色膏。

Tips

在整理邊界的過程中，若發現彩晶糖不足，隨時都可以再補充。

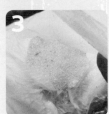

3 略微攪拌後，再倒入塑膠袋裡充分拌勻。

完成

閃亮亮愛心餅乾完成。

4 彩晶糖完成。

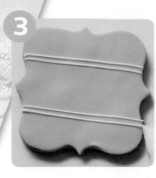

用白色軟糖霜先
畫出上下各兩條
線條。

Tips

可以用針
筆調整線
條。

蕾絲餅乾

難度 Level ♥ ♥ ♥ ♡ ♡

將藍色翻糖擀
平,以餅乾模壓
出形狀。

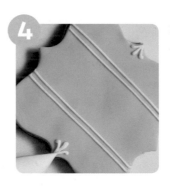

再畫出上下兩個
小草形狀。

取出餅乾,在餅
乾上刷上少許果
醬或稀糖霜,將
藍色翻糖黏上,
並用指腹略微按
壓,讓翻糖與餅
乾完全貼緊。

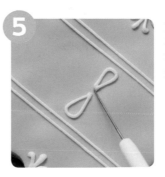

餅乾中間用白色
稀糖霜畫出一朵
花,可隨時用針
筆調整。

6 再用白色稀糖霜畫出其他蕾絲線條。

7 白色稀糖霜加水，攪拌均勻，以畫筆沾取，塗在空白處做出蕾絲半透明的感覺。

完成

除了步驟上的圖案，也可以自己設計，做出屬於自己的蕾絲餅乾！

深藍玫瑰
難度 Level ♥♡♡♡♡

1 深藍色硬糖霜置於擠花袋內備用。

2 取裙邊餅乾，使用惠爾通2D 號花嘴，以逆時針旋轉繞圈方式，擠出深藍色玫瑰花。

完成

可以用細畫筆微調，讓玫瑰花更為立體，深藍色玫瑰花完成。

影片這裡看！

玫瑰花戒
難度 Level ♥♥♥♥♥

3 開始擠出一片花瓣。手勢是像畫半圓弧形一樣，從左到右，擠的同時花釘要順時針旋轉。

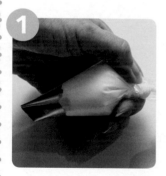

1 將白色硬糖霜裝入有惠爾通 104 擠花嘴的擠花袋中，剪平口確定花嘴露出。

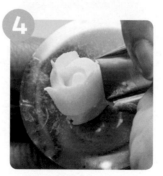

4 交疊擠出三瓣，注意手的角度朝內，將圓錐基底包圍。

2 左手拿花釘，先擠出一個圓錐裝基底。

5 繼續以畫半圓形的方式擠出五片花瓣，每一瓣約在前一瓣結束的 1/3 處開始。

6

繼續增加花瓣，越外圈越要將手傾斜往外，讓花瓣盛開的感覺。

10

將完全乾燥的玫瑰擠花底部，黏在餅乾上方。

7

每擠一圈就停下來看看，略為調整角度。

 完成

玫瑰花戒指完成。

8

用擠花剪刀將擠花自花釘取下，烘乾或自然乾燥。

9

取戒指餅乾，準備一小塊白色翻糖，揉成球狀。

神秘小禮物

難度 Level ♥♡♡♡♡

3 將藍色翻糖黏上，並用指腹略微按壓，讓翻糖與餅乾完全貼緊。

4 以工具割出禮物盒上蓋。

1 將藍色翻糖擀平，以工具切出和禮物餅乾大小的形狀。

5 製作出白色蝴蝶結翻糖（做法請見 P.125「常見的翻糖小物」之「蝴蝶結」做法）。

2 取出餅乾，在餅乾上刷上少許果醬或稀糖霜。

6 取一小塊白色翻糖，揉成長條形後擀平。

7 將擀平的白色翻糖,黏在禮物盒上。

8 再將蝴蝶結黏在禮物盒頂端。

9 以工具調整邊界,讓作品更為立體。

完成

禮物完成。

蝴蝶結做法

材料 白色翻糖

做法

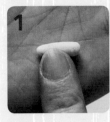
1 取一小塊白色翻糖,揉成圓柱形。

2 將圓柱形翻糖擀成長橢圓形。

3 用工具調整形狀,切成兩半。

4 圓頭兩端以兩個指頭捏起,做成蝴蝶結狀。

5 重複步驟1及步驟2,做出另一條橢圓形翻糖片。黏在兩片蝴蝶結中間,緊緊包覆住交接處即可。

婚禮蛋糕
難度 Level ♥ ♥ ♥ ♡ ♡

取出一顆愛心翻糖。

將藍色翻糖擀平,以蛋糕餅乾模壓出形狀。

Tips

這片翻糖需要有點厚度,以利後續的菱格紋製作,才會清楚好看。

1

取愛心翻糖模,先撒上糖粉。

2

取一小塊白色翻糖,按壓在模型上。

5

若翻糖壓出時,形狀並不明顯,可以用工具調整邊界。

6

取出餅乾,在餅乾上刷上少許果醬或稀糖霜。

7 將藍色翻糖黏上，並用指腹略微按壓，讓翻糖與餅乾完全貼緊。

11 以白色軟糖霜在第二層蛋糕上，畫出裝飾。

8 在蛋糕上方略沾點水，將愛心翻糖黏上。

12 用糖霜工具在菱格紋交界處壓出深度及凹陷造型。

9 使用翻糖工具切出蛋糕分層。

13 將白色小糖珠嵌入洞中。

10 在底層蛋糕割出菱格紋線條。

完成

以白色硬糖霜用惠爾通 14 號花嘴擠出三層蛋糕的圍邊，結婚蛋糕完成。

Succulent
Plants

窗前的一抹綠

多肉盆栽
Succulent Plants

超療癒的多肉植物！
不同種類的多肉擺在一起就超可愛，
就算長得刺刺的也很得人疼呀！
多肉植物對我來說，還有那麼點帶有毅力的表徵。
即使處於高溫環境下，仍有能力保存飽滿的水生長著。
利用翻糖的可塑性做成立體的多肉餅乾作品，
一看到就會「哇！」讓人眼睛為之一亮！

| 學習技巧 | ✔ 翻糖塑型
✔ 翻糖上色
✔ 立體餅乾作品 |

多肉盆栽餅乾組

糖霜顏色	硬糖霜	軟糖霜
	紅色	白色

| 翻糖顏色 | 墨綠色
淺綠色
粉紅色
粉橘色 |

註：裙邊形餅乾 12 個，一個盆栽容器需要 4 個餅乾。

A.

B.

影片這裡看！

A. 十二之卷錦

難度 Level ♥♥♥♡♡

1

取墨綠色的翻糖，揉捏至柔軟。

2

將揉軟的墨綠色翻糖，先揉成 5 顆小球。

3

將墨綠色小球搓成 5 根長條備用。

Tips

每一根有長有短，看起來更自然喔！

4

待墨綠色長條翻糖完全乾燥後，以小畫筆沾取白色色膏，在長條翻糖上畫出細的間隔條紋，乾燥備用。

5

畫筆沾點水，在其中兩條長條底部塗抹，以手將兩條黏起捏合。

6 再依序將其他 3 根翻糖底部黏起。

完成

黏的時候可以順便用于調整每根翻糖的方向,要有層次感,作品才會好看。

Tips

在沾黏過程中,可以用手稍微壓緊,才不易鬆開。

海頓媽媽好神 ♥

認識十二之卷錦

相當能耐蔭的多肉植物,外型像尖爪,身上的紋路像斑馬,非常可愛,是想玩多肉植物的入門款。這款多肉植物的花語是「抓錢滿滿」,擺在案頭,可以招財、招好運。

B. 粉紅虹之玉

難度 Level ♥ ♥ ♥ ♡ ♡

2 將揉軟的粉紅色翻糖,揉成 6 顆大小不同的圓球。

1 取粉紅色翻糖,揉捏至柔軟。

3 將每顆圓球揉成水滴狀,再將水滴較細那端搓長,烘乾備用

4 畫筆沾點水，在其中兩個長形水滴翻糖尾端塗抹，以手將兩條黏起捏合。

6 取乾的畫筆，沾取一點紅色色粉，輕刷在頂端。

Tips

利用這種小畫筆來沾水，非常好用。

完成

粉紅虹之玉完成。

5 再依序把 6 個粉紅色水滴翻糖黏合，乾燥備用。

海頓媽媽好神 ♥

認識粉紅虹之玉

又名為「聖誕快樂」、「耳墜草」的虹之玉，是款耐寒的多肉植物，也不怕烈日曝晒，葉色會越晒越紅，所以在酷夏也不必遮光。花語為「紅顏知己，心心相通」的虹之玉，是送給好朋友的最佳禮物喲！

c. 組合

難度 Level ♥♥♥♡♡

1 製作盆栽容器餅乾（請見 P.137「海頓媽媽，好神！」之「盆栽容器餅乾這樣做！」）

2 在烤好放涼的盆栽容器餅乾上，抹上少許白色稀糖霜。

3 趁白色稀糖霜還沒乾，撒上 Oreo 餅乾屑，當成是盆栽裡的「土」。

4 十二之卷錦翻糖及粉紅色虹之玉翻糖底端以刀切平。

5 將完成的翻糖多肉植物種植到土上，以鑷子幫忙固定。

6 最後再用鑷子調整加強固定。

完成

十二之卷錦 & 粉紅虹之玉多肉盆栽餅乾完成。

Tips

市售有現成的 Oreo 餅乾屑。假使不方便買到，也可以用一般的 Oreo 餅乾，刮除中間奶油餡，只使用黑色部分餅乾體，置於塑膠袋中，以擀麵棍輕輕敲碎即可。

蛋白石蓮

難度 Level ♥ ♥ ♥ ♡ ♡

1 取淺綠色的翻糖，揉捏至柔軟。

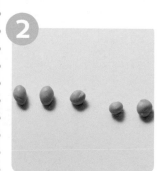

2 將揉軟的淺綠色翻糖，先揉成 5 顆小球。

3 將淺綠色翻糖圓球尾端搓成水滴狀。

4 水滴狀的寬頭那端，用手指略微壓扁。

5 再接著將略微壓扁的寬頭端，以兩手指尖，輕捏呈尖尾樣。

6

將翻糖放在翻糖海綿墊上，以翻糖工具將寬頭尖端的中間往下稍壓，做出凹陷狀。

Tips

大一點的葉片可用翻糖工具配合海綿墊，從中間往下再往尾端壓，製造出弧度；小的深綠色葉片則可以直接放在手上壓出凹痕。

7

再由中間往四周略壓，呈現葉片狀。重複動作將5顆圓球都做成葉片狀，乾燥備用。

10

畫筆沾點水，在其中兩個深綠色葉片翻糖尖尾端塗抹，以手將兩條黏起捏合。

8

取深綠色翻糖，揉成比淺綠色翻糖較小的5個球狀。

11

依序將其他3片深綠色葉片黏起捏合。

9

重複步驟3～7，依序完成5個深綠色葉片，乾燥備用。

12

外圈再依序黏合淺綠色翻糖葉片。

13

一邊捏合一邊用手調整葉片的姿勢。

組合

難度 Level ♥♥♥♡♡

1

製作盆栽容器餅乾（請見P.137「海頓媽媽，好神！」之「盆栽容器餅乾這樣做！」）

14

完成後放在鋪有烘焙紙的蛋盒裡，室溫乾燥一晚，固定形狀。

2

在烤好放涼的盆栽容器餅乾上，抹上少許白色稀糖霜。

15

以乾的畫筆，沾取一點紅色色粉，輕刷在蛋白石蓮翻糖頂端。

3

趁白色稀糖霜還沒乾，撒上Oreo餅乾屑，當成是盆栽裡的「土」。

4

蛋白石蓮翻糖底端用刀切平。

5

將完成的翻糖多肉植物種植到土上，以鑷子幫忙固定。

盆栽容器餅乾這樣做！

做法

1

取 4 個還未烤的圓花邊形餅乾。

2

將餅乾垂直疊起，放入烤箱烘烤。餅乾有點厚度，要稍微拉長烤的時間，約 20 分鐘。

Tips

烤前疊起餅乾時，每片餅乾中間可刷蛋白液，加強黏度。

完成

蛋白石蓮花多肉盆栽餅乾完成。

認識蛋白石蓮

這是一款耐看的多肉植物，頂端帶點色彩，在陽光照耀下，透著柔和的白光，十分賞心悅目。阡插就會活的蛋白石蓮是綠色植物殺手的終結者，手殘者也可以試試！

A.

B.

A. 金冠仙人掌
難度 Level ♥♥♥♡♡

1

取綠色翻糖，
揉捏至柔軟。
將綠色翻糖揉
成圓柱狀。

2

以工具在綠色
翻糖圓柱上割
出痕跡。

3

用兩個手指頭，
稍微把翻糖頂端
捏尖。

4

將紅色硬糖霜 裝
入擠花袋裡，使
用惠爾通 14 號
花嘴，在多肉翻
糖的最頂端，以
繞圈圈的方式，
逆時針轉 1 到 2
圈，擠出玫瑰小
花的樣子。

5

用糖霜針筆調整
一下玫瑰花收尾
的地方。

6

用白色軟糖霜，
在多肉植物上，
擠出一排排尖
刺。

Tips

使用 PME1 號花嘴，擠的時候稍微拉長可做出
刺的感覺。

陸續完成每個凹槽上的尖刺，金冠仙人掌完成。

認識金冠仙人掌

外圍有軟刺，頭頂開出漂亮的花，就好像一頂皇冠一樣。因為金冠仙人球有吸收輻射作用，因此很多人喜歡栽種它。但由於它比較喜歡陽光充足的溫暖以及乾燥的環境，並不是那麼好照顧，所以手殘族千萬不要輕易嘗試。

B. 粉橘色虹之玉

難度 Level ♥♥♥♡♡

3

將粉橘色水滴翻糖的尾端，逐一用手捏合，依序將 5 個粉橘色水滴翻糖黏合，乾燥備用。

1

取粉橘色翻糖，揉成 5 顆大小不同的圓球。

Tips

可以用小畫筆沾少許水，在粉橘色翻糖尾端刷上少許當作黏合劑幫助黏合。

2

將每顆圓球揉成水滴狀，再把尾端搓長。

完成

用乾的畫筆，沾取一點紅色色粉，輕輕刷在頂端。粉橘色虹之玉完成。

C. 組合
難度 Level ♥ ♥ ♥ ♡ ♡

1

在烤好放涼的盆栽容器餅乾上，抹上少許白色稀糖霜。

2

趁白色稀糖霜還沒乾，撒上Oreo餅乾屑，當成是盆栽裡的「土」。

3

完成的金冠翻糖放置到土上，以鑷子幫忙固定。

4

粉橘色的虹之玉底端用刀切平，將粉橘色虹之玉翻糖放置到土上，用鑷子調整加強固定。

完成

金冠 & 粉橘色虹之玉多肉盆栽餅乾完成。

Toys

寶貝的寶貝

玩具
Toys

餅乾也可以做成玩具，
而且還是可愛的兒時玩具！
其實每個人心裡都住著一個孩子吧！
餅乾做成的玩具是真的可以玩，
玩完就當下午茶吃掉！太過癮了！
和你的孩子一起來玩吧！

玩具餅乾組

學習技巧

✔ 威化紙應用及上色
✔ 糖霜 濕加濕，堆疊
✔ 糖霜上色（只要白色糖霜運用色筆上色技巧也可以做出多色，並節省調不同顏色糖霜的時間！作品顏色可以更豐富！）
✔ 立體餅乾作品組合

糖霜顏色

稀糖霜
咖啡色
白色
黃色
紅色

利用糖霜針筆整理邊界，輕輕將塗滿糖霜的餅乾略微搖晃，使其分布均勻。

> **Tips**
> 若發現糖霜上有小細泡，可以用糖霜針筆將細泡戳破。

飛飛竹蜻蜓
難度 Level ♥♡♡♡♡

取 1×8 公分長的長方形餅乾，以咖啡色稀糖霜，在餅乾邊緣畫出咖啡色邊線。

接著用黃色稀糖霜在底部擠出如圖上的線條。

將邊線內部擠滿咖啡色稀糖霜。

重複步驟 4，再將線條加寬。

6

以糖霜針筆調整線條邊界。

7

在長方形餅乾正中央，用紅色稀糖霜擠出一個圓點，烘乾備用。

8

完成的糖霜餅乾背面，取少許翻糖揉圓黏在餅乾正中心處。

9

將紙棍戳進翻糖中。

完成

竹蜻蜓餅乾完成。

影片這裡看！

威化紙風車
難度 Level ♥♥♥♡♡

1

取一張 10 公分 X10 公分 的威化紙，扁平畫筆沾取食用油與紅色色膏混合，在威化紙上畫直線條，待乾後，找出紙張中心點。

Tips

以食用油混合色膏，在威化紙上作畫的效果最好。不僅上色的程度佳，威化紙也不易因為水分而變形。

2

往中心點割出 5 公分的線，保留中間不要割斷。

從正方形四個角落，往中心點割出 5 公分的線，保留中間不要割斷。

3

威化紙中心點以畫筆沾少許稀糖霜，將一邊威化紙凹起，往中心點黏起。

Tips

以手或筆尖暫時壓一下，使其固定。

4

依序將每個角落都往中心點黏起，每做一個角落，都須把中心點沾少許水，直到四個角落都做好，成為風車狀。

Tips

沾取的水量不能太多，避免威化紙融化。

5  在中心擠一點白色軟糖霜。

9  在威化紙風車背面，以白色稀糖霜擠出一小圓，黏在沒有紙棍的正方形餅乾那一面。

6  以鑷子夾取銀色糖珠，黏在中心位置。

完成

餅乾至少固定一晚，確定完全乾燥定型再移動。

7  取正方形餅乾，在餅乾背面黏上一小團翻糖。

8  並在翻糖上插上一根紙棍。

快樂搖搖馬

難度 Level ♥♥♥♥♥

3 烘乾後，以白色軟糖霜用短斜線的方式，一筆筆勾畫出馬的獨角。

Tips

使用 PME1.5 號花嘴。

1 取馬形餅乾，以白色稀糖霜在馬形餅乾邊緣畫出白色邊線。

4 以白色軟糖霜在馬的背上畫出一根根鬃毛。

2 將邊線內部擠滿白色稀糖霜，利用糖霜針筆整理邊界。

5 以白色軟糖霜在尾巴的地方畫出細線，烘乾備用。

Tips

輕輕將塗滿糖霜的餅乾略微搖晃，使其分布均勻，若發現糖霜上有小細泡，可以用糖霜針筆將細泡戳破。烘乾備用。

Tips

鬃毛和尾巴的細線可以交疊，利用不規則感製造出更逼真的毛髮。

6

畫筆沾取酒精，
稀釋紅色色膏，
混合金色色粉。

10

畫筆沾取酒精，
稀釋綠色色膏，
混合金色色粉，
同樣畫在馬的鬃
毛上，讓鬃毛顏
色更顯立體。

7

在馬脖子上的鬃
毛以及獨角上，
畫上顏色。

11

畫筆沾取酒精，
稀釋金色色粉，
在馬蹄上畫上顏
色。

8

畫筆沾取酒精，
稀釋粉紅色色
膏，混合金色色
粉調出顏色，在
馬尾巴上色。

12

在馬蹄上方畫出
一條短線。

9

畫筆沾取酒精，
稀釋藍色色膏，
混合金色色粉調
出顏色，在馬的
鬃毛上色，做出
顏色的變化。

13

以細頭黑色食用
色素筆畫出馬眼
睛。

14 取弧形餅乾，以白色稀糖霜在弧形餅乾邊緣畫出白色邊線，並將邊線內部擠滿白色稀糖霜。

18 畫筆沾水，輕輕塗抹在威化紙上，再將威化紙黏於金色方塊處。

15 利用糖霜針筆整理邊界，輕輕將塗滿糖霜的餅乾略微搖晃，使其分布均勻，烘乾備用。

19 先將馬放在搖搖馬底座上，畫出馬匹固定的位置。取兩小團翻糖，揉成圓形，將圓形翻糖黏在剛才固定的位置上。

16 在弧形糖霜餅乾中間畫出金色方塊。

20 將馬匹固定在弧形搖搖馬底座。

17 威化紙用花樣打洞機打洞，以剪刀剪下約弧形搖搖馬底座 1/3 長度。

 完成

餅乾至少固定一晚，確定完全乾燥定型再移動。搖搖馬餅乾完成。

Confectionery&
Sugar Art

糖霜翻糖，真美！

繽紛世界
Confectioncry & Sugar Art

平常在蛋糕甜點上的糖霜／翻糖裝飾，
還有哪些應用？
看海頓媽媽發揮巧思，
將糖霜／翻糖運用在生活中，
讓平凡無奇的糖霜／翻糖，
有著畫龍點睛的神奇魔力，
為生活添上些許小確幸！

③ 使用 PME1 號花嘴,以白色軟糖霜描繪出蝴蝶線條。

④ 將描繪好的軟糖霜蝴蝶線條,置於乾淨的牛奶盒裡,當作翅膀位子的支撐。

蝴蝶馬德蓮
難度 Level ♥♥♥♡♡

本書 P.161 所附

待糖霜完全乾燥,輕輕取下即完成,在馬德蓮上沾取一點稀糖霜,將蝴蝶糖霜黏上即可。

① 將小張烘焙紙或饅頭紙對折。

② 將對折好的烘焙紙鋪在本書 P.161 所附的蝴蝶底稿上,對折線對齊蝴蝶的中心,烘焙紙四邊以膠帶黏好。

Tips
市售的威化紙,也很方便!取下市售的蝴蝶威化紙,將蝴蝶翅膀對折。

完成

在馬德蓮上擠一點糖霜,黏上蝴蝶威化紙。

水果貼紙
難度 Level ♥♥♥♡♡

1 取紅色稀糖霜，擠出西瓜體。

2 取綠色稀糖霜，擠出西瓜皮。

3

待紅色稀糖霜乾燥後，取黑色食用色素筆（細頭），畫出西瓜子。

完成

用這種方式，可以創作出很多水果造型，超可愛！

Tips

平常如果有多餘的糖霜，就可以做成糖霜貼紙。貼紙上的糖霜乾燥密封保存可長達一、兩個月時間，平常畫餅乾如果需要裝飾，也可以隨時拿出來用呢！而且也可以縮短要畫兩層以上的作品時間。

糖霜方糖 / 棉花糖

難度 Level ♥♡♡♡♡

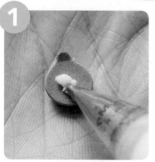

1　在完全乾燥的糖霜貼紙背面擠一點白色稀糖霜。

2　直接黏在方糖上，以鑷子調整位置。

完成

以同樣的方式，放在棉花糖上也很可愛。

糖蕾絲片

難度 Level ♥♥♥♥♥

1　取花樣糖蕾絲模，製作糖蕾絲片，做法請見 P.71「海頓媽媽，好神」之「什麼是糖蕾絲？可以自己做嗎？」

2　將做好的糖蕾絲片直接放入紅茶或咖啡中，代替需要加入的糖。漂在咖啡上的糖蕾絲好療癒！

本書作品難易度一覽表

難易度	作品名稱	頁碼		難易度	作品名稱	頁碼
♥	迷你衣櫃	34		♥♥♥	愛心糖蕾絲	70
♥	飛天魔毯	37		♥♥♥	威化紙花朵	81
♥	神奇抽屜櫃	38		♥♥♥	萬聖節南瓜	86
♥	自由鳥	42		♥♥♥	可愛鬼	88
♥	圓形蒲公英	43		♥♥♥	巴黎鐵塔	92
♥	高雅麋鹿	44		♥♥♥	心形照相機	94
♥	飄飄雪花	45		♥♥♥	小小生日旗	108
♥	愛心蒲公英	47		♥♥♥	腳丫包屁衣	110
♥	如意扇	55		♥♥♥	小熊奶瓶	112
♥	雅緻珠寶	64		♥♥♥	蕾絲餅乾	120
♥	蝴蝶結珠寶	66		♥♥♥	婚禮蛋糕	126
♥	浪漫小羽毛	67		♥♥♥	十二之卷錦	130
♥	茸茸兔	74		♥♥♥	粉紅虹之玉	131
♥	米色花朵	77		♥♥♥	蛋白石蓮	134
♥	粉色花朵	80		♥♥♥	金冠仙人掌	138
♥	Trick or Treat	89		♥♥♥	粉橘色虹之玉	139
♥	優雅粉紅花	99		♥♥♥	威化紙風車	146
♥	笑臉小星星	106		♥♥♥	蝴蝶馬德蓮	154
♥	小星星圍兜	114		♥♥♥	水果貼紙	155
♥	閃亮亮愛心	118		♥♥♥♥♥	大紅燈籠	57
♥	深藍玫瑰	121		♥♥♥♥♥	戀愛玫瑰花	62
♥	神秘小禮物	124		♥♥♥♥♥	小兔彩蛋	75
♥	飛飛竹蜻蜓	144		♥♥♥♥♥	玫瑰彩蛋	78
♥	糖霜方糖 / 棉花糖	156		♥♥♥♥♥	神氣手提包	96
♥♥♥	古典魔鏡	32		♥♥♥♥♥	疊高高行李箱	100
♥♥♥	俏麗洋裝	36		♥♥♥♥♥	花朵小藍象	107
♥♥♥	典雅衣櫃組合	39		♥♥♥♥♥	可愛掛耳熊	115
♥♥♥	聖誕裝飾門	46		♥♥♥♥♥	玫瑰花戒	122
♥♥♥	「福」氣臨門	50		♥♥♥♥♥	快樂搖搖馬	148
♥♥♥	「春」到了	54		♥♥♥♥♥	糖蕾絲片	156
♥♥♥	手繪玫瑰蕾絲	68				

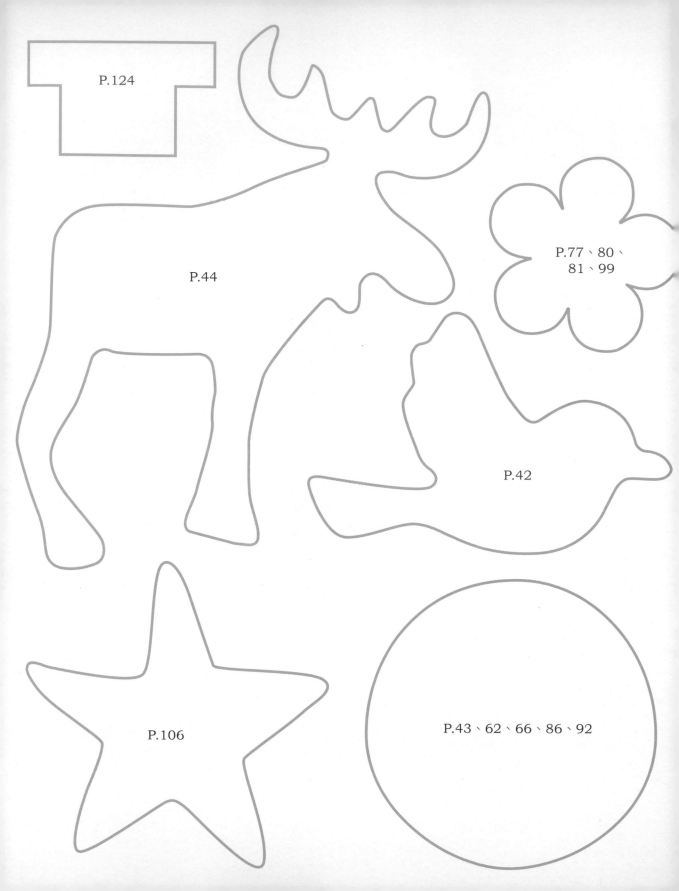

P.124

P.44

P.77、80、
81、99

P.42

P.106

P.43、62、66、86、92

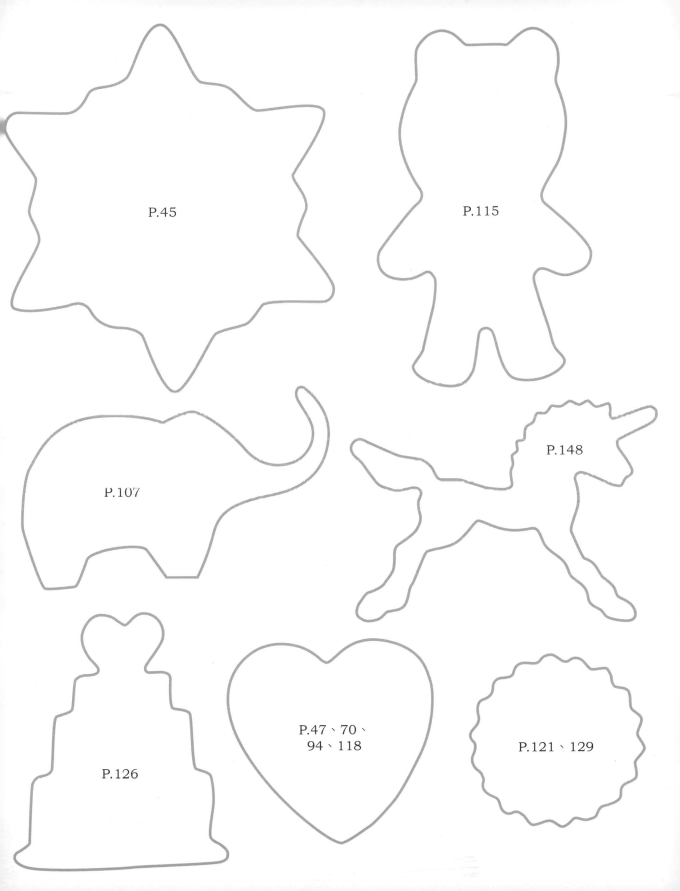

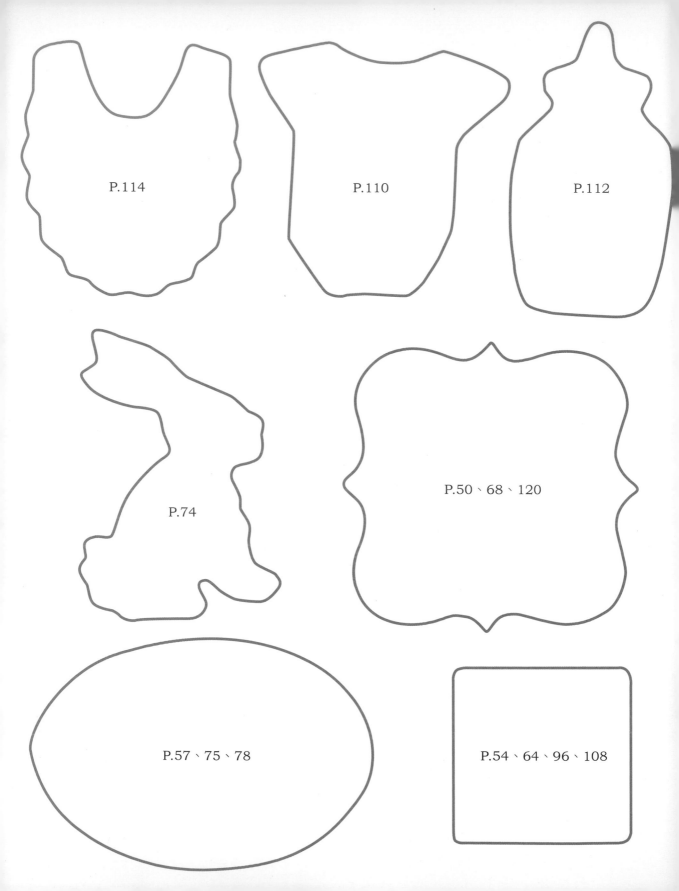

P.114

P.110

P.112

P.74

P.50、68、120

P.57、75、78

P.54、64、96、108

P.148

P.36

P.12

P.67

春 福

P.54　　　　　P.50

P.42、44

P.154

線條與蕾絲練習板

Cook50166

一次學會糖霜 × 翻糖點心

12 個有趣主題、近 60 款令人驚喜的糖霜與翻糖餅乾，
超簡單、零失敗，最適合親子一起玩的手作食譜書！

作者	海頓媽媽
攝影	徐榕志
美術設計	許維玲
編輯	劉曉甄
行銷	石欣平
企畫統籌	李橘
總編輯	莫少閒
出版者	朱雀文化事業有限公司
地址	台北市基隆路二段 13-1 號 3 樓
電話	02-2345-3868
傳真	02-2345-3828
劃撥帳號	19234566　朱雀文化事業有限公司
e-mail	redbook@ms26.hinet.net
網址	http://redbook.com.tw
總經銷	大和書報圖書股份有限公司　（02）8990-2588
ISBN	978-986 95344-1-3
初版一刷	2017.09
定價	380 元
出版登記	北市業字第 1403 號

國家圖書館出版品預行編目

一次學會糖霜×翻糖點心：12個有趣主
題、近60款令人驚喜的糖霜與翻糖餅乾，
超簡單、零失敗，最適合親子一起玩的手
作食譜書！／海頓媽媽 著；——初版——
臺北市：朱雀文化，2017.09
面；公分——(Cook；166)
ISBN 978-986-95344-1-3(平裝)
1.點心食譜
427.16　　　　　　　　　106014853

About 買書

●朱雀文化圖書在北中南各書店及誠品、金石堂、何嘉仁等連鎖書店均有販售，如欲購買本公司圖書，建議你直接
詢問書店店員。如果書店已售完，請撥本公司電話（02）2345-3868。

●● 至朱雀文化網站購書（http：//redbook.com.tw），可享 85 折起優惠。

●●●至郵局劃撥（戶名：朱雀文化事業有限公司，帳號 19234566），掛號寄書不加郵資，4 本以下無折扣，5 ～
9 本 95 折，10 本以上 9 折優惠。

お子様の喜ぶお弁当作りに！

野餐好日子
打造幸福派對小食光

日本 Arnest 親子創意料理
美好野餐，少了點心怎麼行？

　　綠意包圍、流動空氣中，味蕾敏感度也跟著氛圍轉換，這時候最適合來點清爽不膩口的輕食餐點。不想滿手油膩，就從飯糰和三明治動腦筋吧！

　　容易上手＋具飽足感＋材料多變＋視覺美感，是野餐點心的不二首選。日本Arnest創意料理模具，讓零廚藝的你，也能輕鬆變身野餐達人。

平凡吐司裝可愛

市面上常見的造型吐司模，品質參差不齊，要買就買Arnest，好壓切不刮手，品質有保障。包甜包鹹隨興做，夾餡三明治稍微烤過，口感脆脆的更好吃喔！

推薦商品 サンドイッチ

晚安動物土司組

可愛吐司切模組

立體動物吐司模型

笑臉迎人動物飯糰

你家也有外貌協會一族的小朋友嗎？普通白飯做成貓咪兔子企鵝造型，立刻眼睛一亮，食慾大開！飯糰模型附手柄，飯粒不沾手，捏出來的形狀完整漂亮，以海苔表情圖案點綴，搭配新鮮蔬果襯底，非常適合當作野餐點心或兒童便當，不輸給親子餐廳的料理喔！

推薦商品 おにぎり型 ....

可愛貓咪飯糰模型

可愛咪咪兔飯糰模型

可愛熊貓頭飯糰模型

企鵝寶寶飯糰模型

汪星人飯糰模型

可愛海豹飯糰模型

 同場加映實用道具

雞蛋變形、妝點表情，不用不會怎樣，用了很不一樣，讓便當點心更加分的小秘技，推薦給進階班創意達人。

貓咪雞蛋模型

表情海苔按壓器

生活PLUS
LAVIDA
育兒好好玩!!
www.LAVIDA.com.tw

日本亞諾思特台灣分公司
http://www.arnestoverseas.com/
FB搜尋：Arnest Taiwan

France & Europe

歐法精緻廚具・烘焙用品專賣

L'Élégance   Française

金尚品味生活

專營進口自法國及歐洲
精緻百貨｜家用產品｜廚具用品｜銅鍋等。

f 金尚品味生活